Leonhard Kraißer

Holz-Spielmöbel selbst bauen

Materiallisten
Exakte Pläne
Technische
Anleitung

ökobuch
Staufen bei Freiburg

Ein herzliches Dankeschön geht an Theresa und Philipp Dachser sowie an Lena und Moritz Schwarz, die vergnügten Fotomodelle in diesem Buch.

Bibliografische Information der Deutschen Nationalbibliothek

Die Deutsche Nationalbibliothek verzeichnet diese Publikation in der Deutschen Nationalbibliografie; detaillierte bibliografische Angaben sind im Internet unter http://dnb.d-nb.de abrufbar.

FSC
www.fsc.org
MIX
Papier aus verantwortungsvollen Quellen
FSC® C089473

Fotografie: Klaus Lipa, Augsburg
Detail- und Arbeitsfotos: Leonhard Kraißer
Technische Zeichnungen: Leonhard Kraißer

ISBN 978-3-936896-85-5

Druck und Bindung: Beltz Bad Langensalza GmbH, Bad Langensalza

Inhalt

Sicherheitshinweise

Auch beim Hobby sollten Sie die Arbeitssicherheit nicht vergessen. Holz lässt sich nur mit scharfen Schneiden gut bearbeiten, egal ob mit Hand-Werkzeugen oder maschinell. Daher muss die Sicherheit stets oberste Priorität haben. Die folgenden Sicherheitshinweise bitte ich dringend zu beachten:

- Bewusst und sicher arbeiten – ohne Ablenkungen und ohne Zeitdruck.
- Ordnung und Sauberkeit am Arbeitsplatz halten, das hilft Stolperfallen zu vermeiden, vor allem bei der Bedienung von Maschinen.
- Für helle und blendfreie Beleuchtung am Arbeitsplatz sorgen.
- Für ausreichende Belüftung sorgen (beim Schleifen, Streichen mit Lackfarbe, Einlassen mit Wachs und Holzöl).
- Enganliegende Kleidung tragen, insbesondere enganliegende Ärmel (bei Arbeiten an schnelldrehenden Maschinen).
- Bei Arbeiten an Maschinen mit rotierenden Werkzeugen keine Handschuhe tragen.
- Persönliche Schutzausrüstung bei Bedarf benutzen (Schutzbrille, Gehörschutz, Handschuhe).
- Für elektrische Sicherheit Sorge tragen (d.h. nur intakte Maschinen, Kabel und Stecker benutzen).
- Maschinen und Werkzeug nur entsprechend den vom Hersteller vorgesehenen Verwendungszwecken einsetzen.
- Bedienungs- und Sicherheitshinweise des Herstellers der benutzten Maschinen beachten. Diese Unterlagen griffbereit und lesbar halten.
- Maschinen nur mit den vom Hersteller vorgesehenen Sicherheitseinrichtungen betreiben.
- Abstand zum drehenden Kreissägeblatt halten. Kleine Werkstücke mit Schiebestock führen!
- Späne oder Holzabschnitte vom Kreissägeblatt nicht mit der Hand entfernen!
- Rückschlaggefahr von Werkstücken an der Kreissäge beachten: Werkstücke nicht verkanten oder verklemmen; nicht zu schnell schneiden; Werkstücke fest führen.
- An Kreissägen immer die Schutzhaube auf Werkstückdicke einstellen.
- Nur die für das Werkmaterial geeigneten Werkzeuge benutzen (Sägeblätter, Hobelmesser).
- Stets mit scharfen Klingen arbeiten (verringert die Verletzungsgefahr und verbessert das Arbeitsergebnis).
- Elektrowerkzeuge nur in Arbeitsstellung einschalten; nach jedem Arbeitsgang ausschalten.
- Rotierende Messer und Klingen nach der Verwendung stets zum Stillstand kommen lassen.
- Werkzeugwechsel an Maschinen nur bei gezogenem Netzstecker vornehmen.
- Werkstücke zur Bearbeitung fest einspannen. Werkstücke müssen fest aufliegen.
- Führungsschienen benutzen, vor allem an Maschinen mit schnell drehenden Klingen (Kreissäge, Oberfräse u.ä.).
- Mit scharfen Klingen stets vom Körper weg arbeiten (Messer, Stemmeisen u. ä.)
- Bei Arbeiten mit Holzölen die gebrauchten Lappen mit Wasser tränken oder luftdicht verschließen! Durch die große Oberfläche der mit Holzöl getränkten Lappen neigen diese durch Aufnahme von Luftsauerstoff zur Selbstentzündung. Das kann auch stark zeitverzögert passieren.
- Verbandsmaterial griffbereit lagern! Verbandskasten regelmäßig auf Vollständigkeit und Verfallsdatum prüfen.

Und noch ein Hinweis

Diese Auflistung erhebt nicht den Anspruch der Vollständigkeit.

Vorwort

Holz ist gewachsene Natur. Kein Stück dieses lebendigen Materials gleicht dem anderen. Im Gebrauch wirkt der Werkstoff Holz warm und freundlich und bietet sich daher als Material für Kinderspielzeuge in besonderer Weise an. Gleichzeitig ist seine Bearbeitung nicht allzu schwierig, so dass die Arbeit mit Holz auch als Freizeitbeschäftigung Freude und Entspannung bieten kann.

Der Werkstoff Holz ist nicht nur leicht zu bearbeiten, er lässt sich auch vielfältig gestalten. Die Techniken der Holzbearbeitung sind seit Generationen bekannt. Früher war das Sägen, Hobeln, Bohren und Schleifen mühsame Handarbeit. Heute bietet der Fachhandel ein großes Sortiment an Elektrowerkzeugen, mit denen sich viele dieser Arbeiten leichter und oft auch wesentlich genauer ausführen lassen. In den Bau- und Heimwerkermärkten wird dem Hobbyholzwerker heute ein stetig verbessertes Sortiment an Holzwerkstoffen (Leimhölzer, Kanthölzer und Spanplatten) angeboten, wobei auch die Auswahl an Beschlägen und Zubehörteilen (Räder, Achsen usw.) immer größer wird – gute Voraussetzungen also für die Umsetzung eigener Projektideen.

In den nachfolgenden Kapiteln werden verschiedene Spielzeuge und Kindermöbel vorgestellt. Diese Werkstücke aus Holz habe ich für meine beiden Kinder entworfen und gefertigt, als diese noch klein waren; denn ich wollte nicht einfach Spielzeuge und Kindermöbel aus Kunststoff kaufen. So habe ich die Erfahrung gemacht, wie beim Entwurf und Bau der Holzwerkstücke neue Ideen entstanden und sich meine eigene Kreativität entfalten konnte, was die Freude am Schaffen und die Vorfreude auf das fertige Werkstück gesteigert hat.

Meine Kinder haben sehr gerne mit den Holzmöbeln gespielt, die ihr Vater für sie gebastelt hat. Heute sind Sie erwachsen, aber das Spiel mit den Holzmöbeln ist ihnen in Erinnerung geblieben. Da die Werkstücke stabil gebaut wurden, konnten auch noch mehrere Kinder aus der Nachbarschaft damit spielen. Den Bollerwagen benutzen wir in der Familie noch heute für kleinere Transporte. Er zeigt keine erkennbaren Verschleißerscheinungen. Was mich besonders heiter stimmt: Manche unserer Freunde und Bekannten haben einige der Objekte nachgebaut, zur Freude ihrer Kinder, teilweise mit etwas veränderter Konstruktion oder anderem Aussehen. Daher möchte ich auch Ihnen ans Herz legen, die bewährten Angaben in diesem Buch als Basis für die eigene Entwicklungen und die Verwirklichung neuer Lösungen zu nehmen.

Mit Grundkenntnissen der Holzbearbeitung und handwerklichem Geschick sind Sie dazu sicher in der Lage. Eine einfache Ausstattung an Maschinen und Handwerkszeug reicht hierfür aus. Dies Buch will kein Fachbuch sein, sondern Anleitungen geben und Inspiration bieten für begeisterte Heimwerker und Väter.

Ich wünsche Ihnen Spaß und Muße bei der Lektüre dieses Buches und beim Bau der Werkstücke.

Leonhard Kraißer

Werkstoff Holz

In Bau- und Hobbymärkten ist massives, allseitig gehobeltes Fichten- und Kiefernholz in verschiedenen Abmessungen erhältlich. Hartholz hingegen wird meist nur als Buchen-Leimholz angeboten. Werden andere Sorten von Harthölzern oder massive Hartholzteile benötigt, müssen Sie diese über eine Schreinerei oder im Holzhandel beziehen.

Bretter aus gewachsenem Holz

Diese Bretter sind im Sägewerk aus dem vollen Stamm geschnitten worden. Im Baumarkt werden sie meist in den Holzsorten Fichte und Tanne als sägeraue oder gehobelte Bretter angeboten.
Massives gewachsenes Holz neigt dazu, sich zu verziehen. Dabei wölbt es sich zur Stammmitte hin. Zudem zeigt Massivholz ein ausgeprägtes Quell- und Schwindverhalten, vor allem quer zur Holzfaser. Für den Bau der hier beschriebenen Werkstücke sind Bretter aus gewachsenem Holz daher ungeeignet.

Leisten und Kanthölzer

Wie die gewachsenen Bretter sind auch Leisten und Kanthölzer aus Vollholz geschnitten. Prüfen Sie jedes Stück vor dem Kauf, ob es gerade und nicht verdreht ist. Wenn Sie mehrere Leisten benötigen, sollten diese in Breite und Dicke gleich sein. Das Holz steht unterschiedlich lange in den Regalen, dementsprechend unterscheiden sich die Leisten im Feuchtegehalt. Anhand des höheren Gewichtes sind feuchte Hölzer leicht zu ermitteln. Verwenden Sie solche Leisten nicht, da sie beim Trocknen unkontrolliert schwinden und sich verziehen können. Achten Sie darauf, dass das Holz rechtwinklig und maßhaltig ist. Die Maßangaben in diesem Buch beziehen sich auf gehobelte Leisten. Wenn Sie über die Möglichkeit verfügen, Leisten aus Bohlen zu schneiden, müssen Sie für das anschließende Hobeln noch etwas Maß zugeben. Sind die Hölzer in den angegebenen Nennmaßen nicht erhältlich, passen Sie die veränderten Maße bei der Konstruktion an.

Leimholz

Unter dieser Bezeichnung werden in den Bau- und Heimwerkermärkten verleimte Platten in verschiedenen Abmessungen angeboten. Die Platten sind getrocknet, geschliffen und in Folie verschweißt. Entfernen Sie diese Verpackung erst kurz vor der Verwendung der Platten, damit sie sich nicht verziehen. Um Verwerfungen vorzubeugen, können Sie mehrere Platten aufeinanderlegen und mit Schraubzwingen verspannen.
Die Platten werden meist in den Dicken 18 und 28 mm angeboten. Das preiswerteste Leimholz besteht aus Fichte oder Tanne. Bei diesen Hölzern bietet der Handel ein großes Sortiment an Plattengrößen an, während bei Leimholzplatten aus Buche die Auswahl oft sehr viel eingeschränkter ist. Die Längskanten der Platten aus Weichholz sind meist mit einer Fase versehen.
Die Platten werden aus mehreren Leisten verleimt. Je nach Qualität laufen die Stäbe entweder durch oder werden auch in der Länge gestoßen. Bei billigen Platten sind zudem die Astlöcher ungleichmäßig verteilt, und die Oberfläche ist uneinheitlich in Farbe und Struktur.
Da die Platten nur in festen Abmessungen erhältlich sind, fällt oft teurer Verschnitt an. Die Bauanleitungen in diesem Buch wurden so ausgelegt, dass die üblichen Plattenformate möglichst ohne Verschnitt zu verwenden sind.

Sperrholz

Für diesen Holzwerkstoff werden mindestens drei Furnierschichten quer zueinander verleimt. Die Anzahl der Schichten ist immer ungerade, damit die Maserung der beiden Deckfurniere stets in die gleiche Richtung läuft. Die Dicke der Schichten ist unterschiedlich, aber nach einem bestimmten Muster angeordnet.
Durch die quer miteinander verleimten Schichten ist Sperrholz schon bei geringeren Materialstärken sehr belastbar, bleibt dabei jedoch relativ flexibel. Im Fachhandel werden verschiedene Ausführungen

von Sperrholz angeboten. Diese unterscheiden sich hinsichtlich der verwendeten Holzsorten, aber auch in Anzahl und Dicke der Holzlagen. Damit lassen die gewünschten Materialeigenschaften des Holzwerkstoffs beeinflussen.

Multiplex-Platten

Bei Multiplex-Platten handelt es sich um eine spezielle Variante von Sperrholzplatten. Eine Multiplex-Platte besteht aus mindestens fünf Furnierschichten, die mit einem wasserfesten Leim quer zueinander verleimt wurden. Dabei sind alle Holzlagen gleich stark. Durch den Aufbau sind Multiplex-Platten wesentlich steifer als Platten aus Sperrholz. Sie werden in unterschiedlichen Abmessungen und Dicken angeboten, und sind damit vielseitig einsetzbar. Das Aussehen dieses Holzwerkstoffes hängt stark von den verwendeten Furnierschichten und den Deckfurnieren ab. Bei manchen Objekten dieses Buches können dekorative Multiplex-Platten für großflächige Bauteile (Tischplatte, Rückwand der Küche, Bollerwagen) eine Alternative sein.

Werkzeug

Bestimmt verfügen Sie in Ihrer Werkstatt nicht über die Ausrüstung einer Schreinerei. Das ist auch nicht notwendig. Alle Arbeiten in diesem Buch lassen sich mit einer Grundausrüstung an Werkzeug und Maschinen ausführen. Sollten Sie Freude am Umgang mit dem Werkstoff Holz gefunden haben, können Sie Ihren Maschinenpark Stück für Stück ergänzen. Arbeiten Sie nur mit intaktem und scharfem Werkzeug. Sparen Sie hier nicht am falschen Ort – vom Zustand Ihrer Werkzeuge hängt ein Großteil des Arbeitserfolges ab. Zudem dient es der Arbeitssicherheit, wenn Sie Werkzeug mit scharfen Schneiden benutzen, denn Sie müssen weniger Kraft aufwenden, und die Verletzungsgefahr wird dadurch verringert.

Sägen

Alle Holzteile, die zum Bau der Objekte benötigt werden, müssen auf Maß zugeschnitten werden, von Hand oder mit Elektrowerkzeugen. Wichtig für die Qualität des Sägeschnitts ist in jedem Fall, dass die Zahnung des Sägeblattes zum Werkstoff passt. Grundsätzlich gilt: je enger die Zahnung (= Anzahl der Sägezähne auf dem Sägeblatt) ist, desto feiner sind die zu erzielenden Schnitte.

Feinsäge

Mit der Feinsäge können kleine Teile (z.B. Dübelstangen) präzise von Hand abgetrennt werden. Durch die enge Zahnung dieser Säge und das präzise Sägen von Hand vermindert sich die Gefahr, dass an der Schnittkante Holzfasern ausreißen. Durch Verwendung einer Schneidlade können beim Zuschnitt rechte Winkel und Gehrungsschnitte exakt eingehalten werden.
Die Feinsäge ist auch in einer gekröpften Form erhältlich, wobei der Griff seitlich zum Sägeblatt versetzt ist. Auf diese Weise lassen sich überstehende Holzteile bündig zur Oberfläche absägen.

Kreissäge

Diese Maschine ist neben der Bohrmaschine das wichtigste Werkzeug. Kreissägen werden im Handel als mobile Tischkreissägen angeboten, aber auch als stationäre Modelle für die Werkstatt. Die mobile Tischkreissäge lässt sich problemlos transportieren und ist somit überall einsetzbar.
Sollen jedoch auch große Platten geschnitten werden, ist eine stationäre Kreissäge vorzuziehen. Gehrungen, Winkel sowie Längsschnitte können mit keiner anderen Säge so genau geschnitten werden. An einer dafür ausgerüsteten Maschine sind auch Schrägschnitte bis 45° möglich.
Verwenden Sie beim Zuschnitt kleinerer Teile stets einen Schiebestock, um das Werkstück am Sägeblatt vorbeizuführen.
Sinnvolles Zubehör für Ihre Kreissäge sind Tischverlängerung und Tischverbreiterung. Die Tischverlängerung schafft eine zusätzliche Auflagefläche beim Zuschneiden von langen Brettern und Leisten. Das Abkippen der Werkstücke wird dadurch verhindert. Die Tischverbreiterung vergrößert den Abstand zwischen Anschlag und Sägeblatt. Auf diese Weise können größere Platten (vor allem bei der stationären Kreissäge) passgenau zugeschnitten werden.
Mit einer Kreissäge können Sie das Holz für die Objekte in größeren Abmessungen im Handel kaufen und selbst auf die benötigten Maße zuschneiden. So sparen sie Zeit und Geld.
Sollten Sie nicht über eine Kreissäge verfügen, können Sie sich die Holzteile beim Kauf im Fachhandel auch passgenau zuschneiden lassen.

Handkreissäge

Mit der Handkreissäge lassen sich lange und winkelgerechte Schnitte an Platten sauber ausführen. Auch Schrägschnitte bis 45° Neigung sind kein Problem, jedoch verringert sich die maximale Schnitttiefe. Wichtig ist jedoch in jedem Falle eine gute Führung der Säge, z.B. mit einem Parallelanschlag oder einer Führungsschiene. Für die meisten Handkreissägen wird im Fachhandel entsprechendes Zubehör angeboten. Sie können sich jedoch auch mit einer Holzleiste als Anschlag behelfen.
Im Gegensatz zur Tischkreissäge schnei-

det das Sägeblatt der Handkreissäge von unten nach oben. Damit wird auch das Material an der Schnittkante nach oben ausgerissen. Durch Anbringen eines Streifens Klebeband an dieser Stelle vor dem Schnitt kann das Splittern der Holzfasern verringert werden. Am besten ist es jedoch, das Werkstück auf der Rückseite zu schneiden.
Viele Handkreissägen lassen sich unter entsprechenden Sägetischen stationär einbauen und können so eine Tischkreissäge ersetzen.

Stichsäge

Wenn es darum geht, Ausschnitte und Rundungen herzustellen, wird die Stichsäge eingesetzt. Im Handel werden verschiedene Sägeblätter angeboten. Es gibt Ausführungen für gerade Schnitte und Kreisschnitte, aber auch hartmetallbeschichtete Sägeblätter für sehr hartes Material (Metall, Glas).
Die Stichsäge ist für die Freihandarbeit gedacht. Das flexible Sägeblatt neigt dazu, seitlich abzuweichen.
Bei langen geraden Schnitten ist es von Vorteil, einen Parallelanschlag zu verwenden oder, besser noch, eine Anschlagleiste anzuspannen. Langsamer Vorschub verbessert die Ergebnisse erheblich, trotzdem wird nie die Schnittqualität einer Kreissäge zu erreichen sein. Die Zähne der Sägeblätter zeigen nach oben, somit wird beim Zuschnitt das Material nach oben ausgerissen. Wie schon bei der Handkreissäge beschrieben, ist es also ratsam, das Werkstück von der Rückseite her zu schneiden, damit die Sichtkante sauber ist.
Im Zubehörhandel sind auch für die Stichsäge Sägetische in verschiedenen Ausführungen erhältlich, unter die das Gerät stationär montiert werden kann.
Für die Nachbearbeitung von Kanten und Ausschnitten werden diverse Vorsätze zum Raspeln und Schleifen angeboten, die anstelle der Sägeblätter eingespannt werden können. Diese eignen sich für einfache Anpassungen und Korrekturen am Werkstück.

Hobel

Handhobel

Beim Handhobel ragt die scharf geschliffene Hobelklinge aus der Sohle hervor und trägt Späne vom Werkstück ab. Zum Entfernen und Einstellen des Hobeleisens muss der Keil gelöst werden. Beim Einsetzen des Hobelmessers wird der Keil nur mit dem Daumen angedrückt. Durch leichte Hammerschläge auf das Hobeleisen wird dieses eingestellt. Es darf kaum über die Sohle vorstehen (höchstens 0,1 mm), zudem muss es absolut parallel stehen. Damit das Hobelmesser stets rasiermesserscharf ist, muss es regelmäßig abgezogen werden.
Der Handhobel ist das ideale Werkzeug, um kleinere Übergänge usw. zu bearbeiten. Allerdings erfordert seine Handhabung einige Übung.

Elektrohobel

Beim Elektrohobel tragen zwei Messer, die auf einer rotierenden Welle sitzen, die Oberfläche des Holzes ab. Diese hartmetallbestückten Wendemesser können von beiden Seiten benutzt werden. Nuten in den Messern sorgen bei der Montage für genauen Sitz im Messerblock.
Mit dem Elektrohobel werden vor allem sägeraue Holzoberflächen geglättet. Dabei muss das Gerät langsam und gleichmäßig über das Werkstück geführt werden. Vermeiden Sie es, beim Hobeln anzuhalten. Es bilden sich sonst Absätze quer zur Hobelrichtung, manchmal auch Brandflecken. Arbeiten Sie stets in Richtung der Holzmaserung, da die Hobelmesser quer zur Maserung nur Fasern aus der Oberfläche reißen würden. Hobeln Sie also immer zu einer Schnittkante hin, die quer zur Maserung verläuft, niemals umgekehrt.
Die Hobelmesser müssen auf voller Drehzahl sein, bevor der Hobel auf das Werkstück gesetzt wird. Beim Ansetzen liegt das Vorderteil der Sohle flach auf dem Werkstück auf, anschließend wird der Hobel durchgeschoben. Verlagern Sie am Ende des Werkstückes den Druck nach hinten auf die Hobelsohle, damit die Hobelmesser nicht zu tief in das Holz eindringen können.
Die Spantiefe wird durch das Absenken oder Anheben der Hobelsohle eingestellt. Dies erfolgt meist über einen Drehknopf. Mit zunehmender Spandicke erhöht sich der Materialabtrag, aber es verschlechtert sich auch das Hobelbild. Hobeln Sie abschließend mit geringer Spantiefe in mehreren Gängen zügig über Ihr Werkstück, um eine ansehnliche Oberfläche zu erhalten.
Die V-Nuten in der Unterseite der Hobelsohle dienen als Führung, um die Kanten von Werkstücken zu fasen. Bei manchen Modellen stehen sogar zwei Nuten zur Auswahl, womit Fasen unterschiedlicher Größe angefertigt werden können.
Eine weitere Einsatzmöglichkeit für den Elektrohobel ist das Fälzen von Werkstückkanten. Der Falztiefenanschlag begrenzt die Falzhöhe, die Falzbreite wird am Parallelanschlag eingestellt, der aber nicht bei allen Geräten serienmäßig mitgeliefert wird.
Auch der Elektrohobel kann für den stationären Einsatz auf ein Untergestell montiert werden. Dann lassen sich auch kleinere Holzteile bequem und sicher abrichten. Um Werkstücke mit parallelen Kanten und exakten Breiten herzustellen, wird der Hobel mit einer Abricht- und Dickenhobelvorrichtung nachgerüstet.

Oberfräse

Die Oberfräse lässt sich vielfältig einsetzen. Mit diesem Gerät kann man fälzen, profilieren, nuten, bohren und nach Schablonen fräsen. Für jeden Zweck gibt es spezielle Fräser.
Man unterscheidet zwischen Fräswerkzeugen, die ins Holz eintauchen können, und solchen, die nur für die Bearbeitung von Kanten vorgesehen sind. Letztere sind teilweise mit einem Anlaufzapfen oder Anlaufring versehen, der zur Führung an den Werkstückkanten dient.
Neben preiswerten Fräsern aus einfachem Werkzeugstahl werden auch die deutlich teureren hartmetallbestückten Werkzeuge angeboten, die jedoch auch eine wesentlich verlängerte Standzeit bieten.
Saubere Fräsergebnisse sind nur mit geringer Spanabnahme zu erzielen. Größere Spantiefen müssen in mehrere Stufen

unterteilt werden. Vermeiden Sie es, mit laufendem Fräser an einer Stelle zu verharren. Andernfalls könnten durch das rotierende Werkzeug Brandspuren am Werkstück entstehen.
Mit Zubehör lässt sich das Einsatzgebiet der Oberfräse leicht erweitern. So sind z.B. auch für dieses Werkzeug Führungsschienen und Montagetische erhältlich. Mit einer entsprechenden Führung fräsen Sie passgenaue Finger- oder Schwalbenschwanzzinken zur Verbindung Ihrer Werkstücke.

Bohren und Schrauben

Bohrmaschine

Zum Bohren benötigen Sie eine elektrische Bohrmaschine, möglichst mit Bohrständer. Eine Motorleistung von etwa 600 Watt ist ausreichend. Ein Mehr an Leistung kostet auch mehr Geld, zudem wird das Gerät unnötig schwer und unhandlich.
Die Bohrmaschine sollte neben einem umschaltbaren Links- und Rechtslauf auch über eine elektronische Steuerung verfügen. Im Unterschied zur normalen Bohrmaschine erleichtert die stufenlose Regelung der Spindelgeschwindigkeit viele Arbeiten, so z.B. das Eindrehen von Schrauben.

Akku-Bohrschrauber

Wer schon einmal mit einem Akku-Bohrschrauber gearbeitet hat, weiß dessen Vorteile zu würdigen. Er ist relativ klein und handlich, und kein lästiges Kabel hindert bei der Arbeit. Für den Kauf dieses Gerätes gelten im Prinzip dieselben Kriterien wie für die elektrische Bohrmaschine.
Mit einer einstellbaren Drehmomentvorwahl kann man genau bestimmen, mit welcher Kraft eine Schraube eingedreht wird. Hierdurch wird das Splittern von Holz oder das zu tiefe Versenken von Schrauben in weichem Holz vermieden.
Zum Bohren wird die Drehmomentvorwahl in einer bestimmten Stellung auf direkten Durchgang gestellt.
Richten Sie Ihr Augenmerk auch auf den Akku. Wenn das Gerät häufig benutzt werden soll, ist der Kauf eines zusätzlichen Akkus anzuraten. Laden Sie den Akku rechtzeitig vor Gebrauch auf. Ständiges Laden nach kurzem Gebrauch vertragen die Akkus ebenso wenig wie eine längere Tiefentladung.

Bohrständer und Bohrzwinge

Für viele Arbeiten ist genaues rechtwinkliges Bohren sehr wichtig (z.B. beim Setzen von Holzdübeln). Sehr hilfreich ist hierbei die Verwendung eines Bohrständers. Kleinere Werkstücke können sich beim Bohren mitdrehen, weil das an der Bohrspindel auftretende hohe Drehmoment mit der Hand nicht mehr gehalten werden kann. Es besteht erhebliche Verletzungsgefahr. Um dem vorzubeugen, spannen Sie solche Teile immer in geeignete Vorrichtungen ein.

Bohrer

Für Holzarbeiten verwenden Sie ausschließlich Holzspiralbohrer. Sie sind mit einer Zentrierspitze und Schulterschneidern sowie einer Hinterfräsung ausgerüstet. Durch die Zentrierspitze ist punktgenaues Anbohren möglich. Bedenken Sie beim Erstellen von Sackbohrungen in dünnem Holz, dass die Zentrierspitze tiefer als der Bohrer schneidet.
Arbeiten Sie nur mit gut geschärften Bohrern. Sie sollten sofort nachgeschliffen oder ausgetauscht werden, wenn sie abgestumpft oder ausgebrochen sind. Stellen Sie die Drehzahl an Ihrer Bohrmaschine entsprechend dem Querschnitt des Bohrers und dem zu bohrenden Werkstoff ein.
Für große Bohrungen wird ein Forstnerbohrer verwendet. Bei diesem Werkzeug trennen zwei Querschneiden die Späne ab, während ein Zentrierdorn die Führung gewährleistet.

Spitzdorn und Senker

Um Bohrungen sicher und genau zu erstellen, ist es von Vorteil, die Bohrlochmitte nach dem Anreißen mit einem Spitzdorn anzukörnen. Durch die so entstandene Vertiefung wird die Zentrierspitze des Bohrers exakt geführt.
Vorstehende Schraubenköpfe können zu einer Beschädigung von Oberflächen führen, sie sehen zudem nicht gut aus. Bei Weichholz splittert das Holz beim unkontrollierten Eindrehen der Schrauben, in Hartholz kann der Kopf nicht versenkt werden. Um dies zu vermeiden, ist es notwendig, die Bohrungen vor dem Eindrehen der Senkkopfschrauben anzusenken. Benutzen Sie hierfür einen geeigneten Senker.

Schraubeinsätze (Bits)

Die Verwendung einfacher Schlitzschrauben ist nicht zu empfehlen, wenn sie maschinell eingedreht werden sollen. Zu leicht rutscht man hierbei mit dem Werkzeug ab und beschädigt dabei Schraube und Werkstück. Besser geeignet für diesen Zweck sind Kreuzschlitzschrauben oder auch Torx-Schrauben. Achten Sie darauf, nur die zur jeweiligen Schraubenkopfgröße passenden Bits zu verwenden. Andernfalls drehen die Bits durch, was ebenfalls Schraube und Werkstück beschädigen kann. Sparen Sie nicht beim Kauf der Bits, da Billigware schnell rund wird oder ausbricht.

Schleifgeräte

Beim Bandschleifer wird ein geschlossenes Schleifband von einem starken Motor auf hohe Drehzahl gebracht. Dadurch ist dieses Gerät hervorragend für schnellen Materialabtrag geeignet, allerdings auf Kosten eines schlechten Oberflächenbildes. Wegen der hohen Abtragleistung fällt viel Schleifstaub an, der abgesaugt werden muss, am besten mit dem Staubsauger.
Schleifen Sie stets in Richtung der Maserung, um eine gute Oberfläche zu erzielen. Aufgrund der hohen Motorleistung müssen die Werkstücke zum Schleifen unbedingt eingespannt werden.
Wenn es weniger um Materialabtrag als um die Oberflächenqualität geht, verwenden Sie einen Schwingschleifer oder einen Exzenterschleifer. Schwingschleifer arbeiten mit kleinen Schwingkreisen, während Exzenterschleifer durch die Kombination von Rotation und Schwingung die Schleifbewegung der menschlichen Hand nachahmen.
Zum Bearbeiten enger Stellen und Ecken dient der Deltaschleifer. Dieses handliche Gerät verfügt über eine dreieckige Schleifplatte. Das Schleifpapier wird mit Kletthaftung an der Schleifplatte befestigt.

Flachdübelfräse

Die Flachdübelfräse ist eine kleine Handfräse mit einem sehr schnell rotierenden Fräsblatt. Eine stabile Führungsvorrichtung kann für unterschiedliche Winkel und Tiefen der Frässchnitte eingestellt werden. Dadurch können präzise Frässchnitte für Flachdübel in zu verbindende Bauteile erstellt werden, die exakt zueinander passen. Flachdübel sind flache, linsenförmige Plättchen aus gepresstem Hartholz. Diese sind in verschiedenen Abmessungen erhältlich.
Die Flachdübelfräse eignet sich auch hervorragend, um Längsnuten zu fräsen. Zum Schutz empfindlicher Oberflächen ist ein Schonaufsatz als Zubehör lieferbar.

Stechbeitel und Zubehör

Vieles bei der Holzbearbeitung kann mit Elektrowerkzeugen erledigt werden. Dennoch geht es oft nicht ohne Nacharbeiten von Hand. Wenn z.B. mit der Oberfräse eine Vertiefung für einen eckigen Beschlag ausgefräst wurde, bleiben Rundungen stehen, die eckig ausgestemmt werden müssen. Ein Sortiment gut geschärfter Stechbeitel verschiedener Breiten ist zur Bearbeitung von Holz unverzichtbar. Als Zubehör wird ein passender Holzhammer benötigt, um die Griffe der Stechbeitel im Gebrauch nicht zu beschädigen. Zum Schärfen der Klingen benötigen Sie einen Abziehstein.

Schraubzwingen

Bauteile müssen nach dem Verleimen fest verspannt werden. Dafür benötigen Sie Schraubzwingen in verschiedenen Größen. Für große Bauteile verwenden Sie Spanngurte, zum Halten kleinerer Teile dienen Leimklammern.

Anreißen

Zum Anreißen von Maßen und Konturen brauchen Sie neben gut gespitzten Bleistiften zumindest einen Zimmermannswinkel aus Stahl, besser jedoch mehrere Winkel in verschiedenen Abmessungen. In einer gut sortierten Werkstatt sollten des weiteren Zirkel, Streichmaß und Schmiege nicht fehlen.

Tipps und Techniken

Holzverbindungen

Eine der wichtigsten Holzverbindungen ist die Eckverbindung zweier Bretter. Sie können mit den Längskanten oder mit den Stirnkanten aneinanderstoßen. Bei größeren Belastungen werden diese Verbindungen durch eingeleimte Holzdübel oder Schrauben verstärkt.

Nageln

Die einfachste Art, eine Eckverbindung zweier Bretter auszuführen, ist das Nageln. Wenn die Fuge zusätzlich verleimt wird, ist diese Verbindung relativ stabil. Um die Festigkeit zu erhöhen, sind die Nägel schräg einzuschlagen. Die Nagelköpfe bleiben bei einer solchen Verbindung sichtbar.
Um dies zu vermeiden, kann man die Köpfe mit einem Versenkstift in das Holz (Weichholz) versenken und mit Holzspachtel verdecken.
Bei den Spielmöbeln dieses Buches werden nur die Verbindungen der Schubladen des Kaufmannsladens sowie der Kinderküche mit Stahlstiften gesichert. Diese haben gegenüber normalen Nägeln einen sehr kleinen Kopf, der nach der Montage fast nicht mehr erkennbar ist.

Schrauben

Wesentlich haltbarer wird die Verbindung, wenn anstelle der Nägel Schrauben verwendet werden. Wenn die Schrauben sichtbar bleiben sollen, verwenden Sie besondere Schrauben, z.B. solche aus Messing oder mit einem besonders gestalteten Schraubenkopf. Bei dieser Art der Verschraubung sollten Sie darauf achten, dass die Schrauben in gerader Linie und mit gleichmäßigen Abständen gesetzt sind.
Neben der Haltbarkeit der Verbindung liegt der Vorteil einer Verschraubung darin, dass mit den eben verbundenen Teilen sofort weitergearbeitet werden kann. Es ist nicht notwendig, die Teile bis zum Aushärten des Leimes zu verspannen. Nicht zu unterschätzen ist jedoch der Aufwand, den eine sauber ausgeführte Verschrau-

bung erfordert. Grundsätzlich sind für jede Schraube drei bis vier Arbeitsgänge notwendig:

1. Bohren Sie in die zu verschraubende Platte Durchgangslöcher für die Schrauben. Diese Löcher dürfen nicht ins Leere gebohrt werden, da sonst der Bohrer beim Austritt aus dem Holz Fasern ausreißen würde. Legen Sie immer ein Stück Restholz unter, in das der Bohrer eintreten kann. Dieses Brett ist nach jeder Bohrung zu verschieben und wegzuwerfen, wenn es verbraucht ist.
2. Sollen später Senkkopfschrauben eingedreht werden, muss die Bohrung noch passend versenkt werden. Andernfalls zieht sich bei Weichholz der Schraubenkopf in das Holz hinein, wobei sich in Faserrichtung Späne hochstellen können. Bei Verschraubungen, die nahe am Ende eines Brettes liegen, kann zudem das Brett entlang der Maserung einreißen. Bei harten Materialien (beschichtete Platte, Hartholz) muss in jedem Falle gesenkt werden, hier zieht sich der Schraubenkopf in keinem Fall von selbst ein.
3. Bei dem hier vorwiegend benutzten Weichholz wird es oft nicht notwendig sein, auch für den Gewindeteil der Schraube vorzubohren. Sollen jedoch Schrauben in Hartholz gedreht werden oder besteht die Gefahr, dass sich das Holz durch die Schraube spalten könnte, muss unbedingt vorgebohrt werden. Der Durchmesser der Bohrung sollte etwa dem Kerndurchmesser der Schraube entsprechen. Bei Verschraubungen in Hartholz oder bei Verwendung einer Messingschraube kann auch etwas größer vorgebohrt werden.
4. Zum Eindrehen der Schrauben verwenden Sie einen in die Bohrmaschine eingespannten Schraubeinsatz. Wenn die Bohrmaschine elektronisch gesteuert ist, lassen sich Anlauf und Geschwindigkeit genau dosieren.

Da es unpraktisch ist, die benötigten Werkzeuge ständig in die Bohrmaschine ein- und auszuspannen, sollten Sie die Anschaffung eines Akkuschraubers in Erwägung ziehen. Bietet dieses Gerät auch die Möglichkeit, das Anzugsdrehmoment voreinzustellen, dann können die Schrauben nicht mehr zu tief eingedreht werden.

Verdecktes Schrauben

Im Großen und Ganzen unterscheidet sich die verdeckte Verschraubung nicht von der sichtbaren Verschraubung. Hierbei werden jedoch in der zu verschraubenden Platte mit einem Forstnerbohrer Sacklöcher erstellt und durch diese die Durchgangslöcher gebohrt. Nach der Montage der Senkkopfschrauben verschließen Sie die Sacklöcher mit passenden eingeleimten Holzstopfen. Sie müssen darauf achten, dass die verbleibende Wandstärke im Sackloch eine ausreichende Stabilität der Schraubverbindung gewährleistet.

Dübeln mit Dübelstangen

Eine weitere Möglichkeit, die Festigkeit der Eckverbindung zweier Bretter zu erhöhen, ist die Verwendung von zylindrischen Holzdübeln oder Dübelstangen. Dies erfordert präzises Arbeiten beim Markieren und Bohren der Dübellöcher. Denn die Verbindung mit Dübeln kann nachträglich nicht oder nur sehr aufwändig korrigiert werden, um die richtige Fügung herzustellen. Die Holzdübel und Dübelstangen sind mit Längsrillen versehen. Beim Einsetzen des Holzdübels verteilt sich der Holzleim, der zuvor in das Dübelbohrung gegeben wurde, über die gesamte Länge des Holzdübels.
Die Dübelstangen können entweder mit sichtbarem Dübelkopf gesetzt werden, oder wie ein Standard-Holzdübel. Die Verwendung von Dübelstangen wird dann notwendig, wenn ein Holzdübel zu kurz ist. Beim Dübeln mit sichtbarem Dübelkopf werden zuerst in die anzubauende Holzplatte Durchgangslöcher gebohrt, die genau dem Durchmesser der verwendeten Dübelstange entsprechen. Diese Platte wird auf dem Gegenstück ausgerichtet. Durch die Bohrungen hindurch können nun auch dort die Dübelbohrungen erstellt werden. Sägen Sie von einer Dübelstange passende Stücke ab. Nachdem auf alle Stoßflächen und in die Dübelbohrungen Holzleim gegeben wurde, können alle Teile zusammengefügt werden. Die Abschnitte der Dübelstangen werden mit dem Holzhammer durch die Bohrungen getrieben. Verspannen Sie die Teile mit Schraubzwingen fest aufeinander, so dass kein Spalt mehr bleibt. Trennen Sie überstehende Enden der Dübelstange flächenbündig mit einer gekröpften Feinsäge ab. Schleifen Sie die Stellen abschließend glatt.

Dübeln mit Holzdübeln

Beim Dübeln mit zylindrischen Holzdübeln werden diese so gesetzt, dass sie von außen nicht sichtbar sind. Die Herausforderung ist hierbei, die Lage der zueinander gehörenden Dübelbohrungen exakt festzulegen. Im Fachhandel werden viele Schablonen und Hilfsmittel angeboten. Am einfachsten ist jedoch die Verwendung von Dübelmarkern. Dies sind Kupferzylinder, die dem Durchmesser der Dübelbohrung entsprechen und an der Oberseite einen kleinen Dorn aufweisen. Werden nun die Dübelmarker in die Bohrungen gesteckt und das anzupassende Brett aufgelegt, so drücken sich die Spitzen in das Holz und markieren die Lage der passenden Dübelbohrung.
Beim Dübeln mit Holzdübeln ist es wichtig, die Dübelbohrung genau im rechten Winkel und nicht zu tief zu bohren. Am besten spannen Sie hierzu die Bohrmaschine in einen Bohrständer ein. Alternativ kann auch ein Tiefenstopper auf dem Bohrer montiert werden. Hierbei handelt es sich um einen Metallring, der auf den Bohrer geschoben und in der richtigen Höhe mit einer kleinen Schraube fixiert wird. Dieses Werkzeug wird in Baumärkten oft zusammen mit Dübelmarkern angeboten.
Mit etwas Leim in den Dübelbohrungen und auf den Stoßflächen können die zu verbindenden Teile zusammengesteckt werden. Auch diese Verleimungen müssen mit Schraubzwingen oder Spanngurten fest aufeinandergepresst werden.

Dübeln mit Flachdübeln

Bei der Verbindung mit Flachdübeln werden flache Plättchen aus Hartholz mit Holzleim in Fräsnuten eingesetzt. Die Flachdübel sind dann von außen nicht mehr zu erkennen. Die Fräsnuten werden mit einer speziellen Maschine, der sogenannten Flachdübelfräse, erstellt. Die Verbindung ist bis zum Aushärten des Holzleims in Längsrichtung der Nuten etwas verschiebbar. Auch in Querrichtung sitzt der Flachdübel anfangs mit etwas Spiel, und zwar so lange, bis der Flachdübel durch den Holzleim etwas aufquillt. Bedingt durch die vergrößerte Kontaktfläche ist die erreichbare Festigkeit der Verbindung etwas höher als mit runden Holzdübeln.

Leim auftragen

Für die Verleimung der Werkstücke in diesem Buch wird Weißleim verwendet. Dieser ist als Standardausführung und als Expressleim erhältlich, ebenso in einer wasserfesten Ausführung und als Lackleim. Letzterer haftet im Gegensatz zu den anderen Leimsorten auch auf lackierten Flächen.
Durch die Verleimung bildet sich eine materialschlüssige Verbindung. Diese lässt sich nur durch Materialzerstörung wieder lösen. Die Haftung ist umso größer, je enger der Kontakt zwischen den Klebeflächen ist. Der Leim sollte deshalb gleichmäßig und nicht zu dick aufgetragen werden. Die Kontaktflächen müssen frei von Staub und Fett sein, da diese die Festigkeit der Verbindung stark mindern.
Es genügt meist, den Leim nur einseitig aufzutragen. Nur bei stark saugenden Untergründen (z.B. Spanplatten) muss auch auf die zweite Seite Leim gegeben werden. Je nach Form und Größe der zu verleimenden Fläche kann der Holzleim aus der Tube oder mit einem Pinsel aufgetragen werden. Die Teile, die miteinander verbunden werden sollen, müssen überall mit Leim bestrichen werden. Benutzen Sie an engen Stellen einen schmalen Pinsel, Holzspachtel oder ein anderes Hilfsmittel. Die Pinsel nach Gebrauch gründlich mit Wasser auswaschen, bevor sich auf dem Leim eine Haut gebildet hat.

Oberflächenbehandlung

Fehler im Holz ausbessern

Als Naturmaterial weist Holz oft Unregelmäßigkeiten auf, die auch seinen Reiz ausmachen. Sind die Fehler jedoch zu groß, sollten sie vor der Verwendung behoben werden. Unschöne oder lose Astlöcher in Weichholz werden mit einem Forstnerbohrer ausgebohrt und mit einem passenden Holzstopfen wieder verschlossen. Achten Sie darauf, dass der Stopfen in Farbe und Maserung gut zu dem Holz passt, in das er eingesetzt wird. Anschließend wird die Fläche sauber verschliffen. Abstehende Holzspäne werden mit einer Klinge angehoben. Geben Sie etwas Leim in den Spalt und spannen sie den Span mit einem Holzrest und einer Schraubzwinge nieder. Legen Sie ein Stück Papier zwischen Werkstück und Holzrest, damit dieser nicht anklebt. Auch diese Fläche wird anschließend geschliffen.
Einkerbungen und kleinere Löcher lassen sich gut mit Holzfüllstoffen reparieren, die es in vielen verschiedenen Holztönen zu kaufen gibt.

Schleifen der Oberflächen

Schleifen dient einerseits dazu, Unebenheiten abzutragen und eine Oberfläche zu glätten. Beginnend mit einem gröberen Schleifpapier, arbeiten Sie in mehreren Stufen mit immer feineren Körnungen. Zum anderen werden durch Schleifen glatte Oberflächen (z.B. Lacke) aufgeraut, damit der nachfolgende Anstrich haften kann.
Schleifen Sie stets nur in Richtung der Maserung, um die Holzfasern nicht aufzurauen. Beim Schleifen von Hand verwenden Sie einen Schleifklotz. Das Schleifpapier lässt sich damit gleichmäßig über die Oberfläche führen. Feuchten Sie das Holz vor dem Schleifen mit einem Schwamm an und lassen Sie es anschließend wieder trocknen. Dadurch richten sich die Holzfasern auf, so dass sie mit dem Schleifpapier entfernt werden können. Die Oberfläche wird dann beim Anstrich nicht wieder rau werden.

Anstrich

Die Oberflächen der in diesem Buch vorgestellten Werkstücke müssen durch einen Anstrich geschützt werden. Die rohen Oberflächen würden sonst sehr schnell verschmutzen und zudem auch Feuchtigkeit aufnehmen und rissig werden.
Da es sich um Kinderspielzeug handelt, sollten Sie nur Anstrichmittel verwenden, die für diesen Zweck auch geeignet sind.
Ich bevorzuge Holzwachse. Sie betonen die Maserung des Holzes glänzend seidig und lassen sich leicht auffrischen. Angeboten werden sie in Pastenform (Bienenwachs), aber auch als Flüssigwachs. Das Holz muss mit einer Naturharzöl-Imprägnierung vorbehandelt werden, um die unterschiedliche Saugfähigkeit auszugleichen. Nehmen Sie überschüssigen Imprägniergrund, der nicht ins Holz eingezogen ist, mit einem Lappen ab und lassen Sie das Holz gut abtrocknen. Tragen Sie nach einem leichten Zwischenschliff das Bienenwachs mit einem Lappen dünn auf (bei größeren Flächen Flüssigwachs). Abschließend wird die Oberfläche mit einer Bürste oder feiner Stahlwolle poliert.
Wachse werden in verschiedenen Farben angeboten. Dadurch ergeben sich vielfältige Gestaltungsmöglichkeiten. Sie können die Oberflächen aber auch zuerst farbig beizen und danach mit Wachs versiegeln.
Für den Außenbereich sind Wachse nicht geeignet. Die Oberflächen von Werkstükken, die viel im Freien benutzt werden (z.B. der Bollerwagen), sollten mit einem wetterfesten Lackanstrich geschützt werden.

Kinderstühle und -tische

Kindgerechte Möbel sollten in keinem Kinderzimmer fehlen. Auf Stühle und Bänke in der richtigen Höhe können auch kleine Kinder selbständig klettern, der dazu passende Tisch lädt zum Spielen und Malen ein. Anhand der nachfolgenden Baupläne lassen sich stabile und doch leichte Möbelstücke aus massivem Holz anfertigen, entweder als Einzelstücke oder als ganze Sitzgruppen. Diese Möbel werden sicher mehr als eine Kindergeneration überstehen.

Die Tischplatte wird mit Schraubzwingen verspannt.

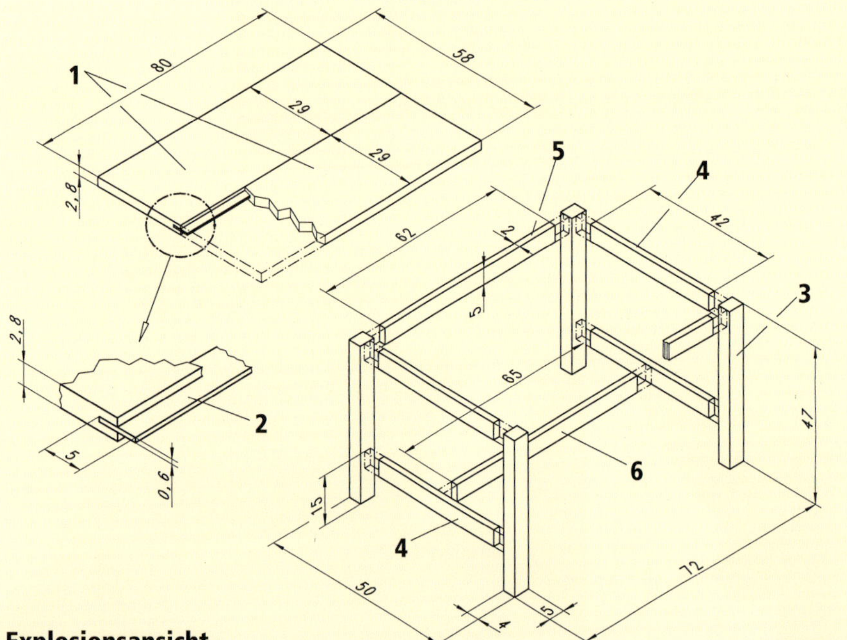

Explosionsansicht

Kindertisch				
Pos.	**Stck.**	**Benennung/Abmessungen**	**Werkstoff**	**Bauteil**
1	2	29 x 2,8 x 80 cm	Leimholz / Fichte	Tischplatte
2	1	5 x 0,6 x 80 cm	Sperrholz	Feder für Tischplattenstoß
3	4	5 x 4 x 47 cm	Fichte, massiv	Tischbeine
4	4	5 x 2 x 42 cm	Fichte, massiv	Querstreben
5	2	5 x 2 x 62 cm	Fichte, massiv	Längsstreben
6	1	5 x 2 x 65 cm	Fichte, massiv	Aussteifung
7	14	Holzdübel 8 mm ø	Hartholz	
8	10	Holzdübel 6 mm ø	Hartholz	

Kindertisch

Tischplatte

Die beiden Bretter (1) für die Tischplatte werden zuerst zugeschnitten. Hierbei geben Sie in der Länge einige Zentimeter zu, um nach dem Verleimen der Bretter mit der Feder (2) eine saubere Schnittkante erzielen zu können. Auch die Feder muss mit Zugabe abgelängt werden. Mit der Kreissäge oder der Oberfräse stellen Sie die Verbindungsnuten in den beiden Hälften der Tischplatte her. Die Nuten müssen so beschaffen sein, dass die Feder straff eingepasst werden kann. Wenn Sie die Nuten mit einer Kreissäge erstellen, müssen Sie dies unter Beachtung der Anweisungen und Sicherheitshinweise der Bedienungsanleitung der Kreissäge durchführen.

Das Werkstück wird am Anschlag über das zuvor in der Höhe eingestellte Sägeblatt geführt. Die Breite des Sägeschnittes ergibt zugleich die Dicke der Feder. Um die Nuten mit Hilfe einer Oberfräse zu erstellen, ist es notwendig, ein Hilfsbrett anzuspannen, um die Auflagefläche für die Führungsplatte der Oberfräse zu vergrößern.

Bestreichen Sie beide Seiten der Feder sowie die Stoßseiten der genuteten Bretter mit Holzleim und fügen Sie die Feder in die Nuten der beiden Plattenhälften ein. Durch leichte Schläge mit dem Holzhammer (Holzrest unterlegen) werden die Plattenhälften fest zusammengefügt. Um eine feste Verbindung der beiden Platten zu erzielen, ist es notwendig, sie mit Schraubzwingen zusammenzupressen. Damit die eingespannten Teile nicht nach oben oder unten wegknicken, spannen Sie mit Schraubzwingen stärkere Leisten oder Bretter quer über die Tischplatte. Sollten beim Stoß der beiden Tischhälften größere Ungenauigkeiten entstanden sein, bearbeiten Sie diese mit dem Handhobel.

Mit dem Schwingschleifer werden jetzt die Oberflächen der Tischplatte geglättet. Wenn Sie über eine Oberfräse mit dem passenden Fräser verfügen, können Sie abschließend die Kanten der Tischplatte profilieren. Im Allgemeinen reicht es aber aus, die Kanten rund zu schleifen.

Untergestell

Die Beine und Verstrebungen des Tisches (3 - 6) werden auf Maß abgelängt. Für die Festigkeit einer Verleimung ist es sehr wichtig, dass die Schnittfläche des Stoßes glatt ausgeführt wird. Schneiden Sie daher jeweils eine Seite der Teile 3 - 6 rechtwinklig mit der Kreissäge ab. Die Genauigkeit dieses Schnittes ist entscheidend dafür, dass der Tisch gerade wird. Um sicherzustellen, dass die jeweils zueinander gehörenden Bauteile gleich lang sind, schneiden Sie diese gemeinsam auf Länge. Verwenden Sie hierzu einen Anschlag. In das Hirnholz der Teile 4 - 6 werden nun Löcher für die Holzdübel (8 mm ø) gebohrt. Da diese Teile zu lang sind, um sie mit dem Bohrständer bearbeiten zu können, müssen Sie die Bohrungen freihändig erstellen. Um dies möglichst im rechten Winkel bewerkstelligen zu können, spannen Sie zuerst mehrere der Bauteile gemeinsam in einen Schraubstock ein (Schutzbacken für das weiche Holz nicht vergessen). Hierdurch vergrößern Sie die Auflagefläche für die aus einem Brett gefertigte Bohrschablone. Die Dicke dieser Schablone sollte so gewählt werden, dass sie zugleich als Anschlag für die Bohrtiefe dient. Stecken Sie Dübelmarker in die Bohrlöcher, um die Positionen der Dübellöcher in den Tischbeinen (3) festzulegen. Zum Bohren spannen Sie die Maschine in den Bohrständer. Markieren Sie die einzelnen Bauteile mit einem weichen Bleistift, um sie später wieder zuordnen zu können.

In die Löcher der Querstreben geben Sie etwas Holzleim und setzen die Holzdübel ein. Geben Sie Leim auf das Hirnholz sowie in die Bohrlöcher der Tischbeine, und fügen Sie die Querstreben und Tischbeine zusammen. Nach dem Aushärten der Verleimung ist mit den Längsstreben ebenso zu verfahren. Achten Sie beim Fixieren der Dübellöcher und beim Verspannen der Verleimung darauf, dass alle Verbindungen rechtwinklig sind und die Tischbeine gleichmäßig auf dem Boden stehen.

Als nächstes wird die Tischplatte auf das Untergestell montiert. Bohren Sie in regelmäßigen Abständen Löcher für die Holzdübel (6 mm ø) in die Oberseiten der Rahmenleisten. Dübelmarker werden in die Bohrungen gesteckt, die Tischplatte wird auf dem Untergestell ausgerichtet, und mit leichten Schlägen des Holzhammers werden die Dübellöcher markiert. Leimen Sie die Holzdübel in die Bohrlöcher der Tischplatte ein. Nachdem auch in die Bohrungen und auf die Stoßseiten des Rahmens Holzleim gegeben wurde, kann die Tischplatte auf dem Untergestell montiert werden. Mit leichten Schlägen des Holzhammers werden die Dübel in die Bohrungen getrieben. Verwenden Sie ein ausreichend langes Schlagholz, damit die Tischplatte nicht entlang einer Maserung bricht. Die Platte muss allseitig plan aufliegen. Sie wird mit dem Untergestell mit Schraubzwingen verspannt.

Wenn die Verleimung vollständig ausgehärtet ist, kann der Tisch geschliffen und gestrichen werden. Um die Tischplatte widerstandsfähiger gegen die Beanspruchung durch Kinderhände zu machen, ist es ratsam, die Oberfläche mit einem guten Klarlack zu behandeln (z.B. Bootslack).

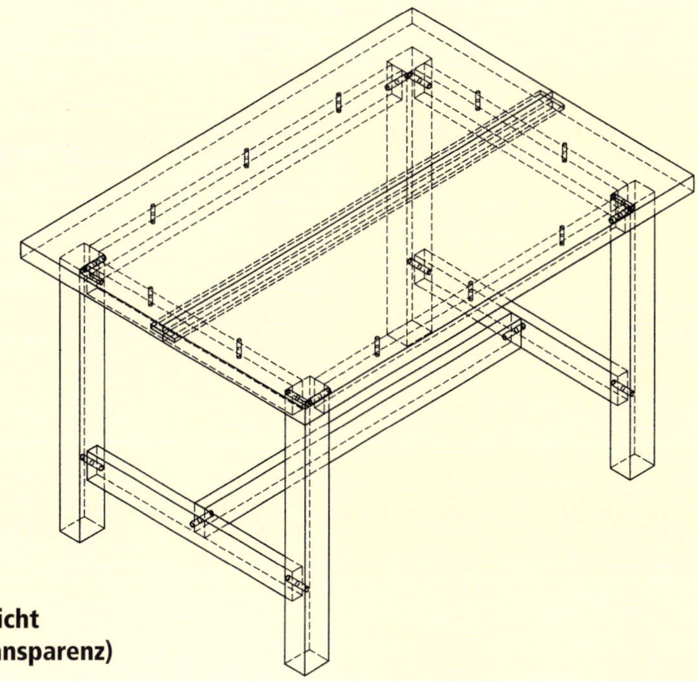

3D-Ansicht (mit Transparenz)

Mit der Spitze der Dübelmarker wird die Lage der Gegenbohrung angekörnt.

Die Tischbeine werden zuerst mit den Querstreben verleimt.

Kinderstuhl ohne Armlehnen

Oben: Zusammenbau des hinteren Beinpaares mit den Querstreben.

Unten: Beim Zusammenspannen mit Schraubzwingen Holzreste zum Schutz der Werkstückoberfläche verwenden.

Gestell

Im ersten Arbeitsgang werden die Holzleisten für die Beine sowie für die Verstrebungen des Stuhls (2 - 5) mit Zugabe abgelängt. Bei allen Teilen muss jeweils eine Schnittkante sauber und rechtwinklig ausgeführt sein. Alle einander entsprechenden Bauteile bekommen exakt die gleiche Länge. Kürzen Sie die Leisten mit der Kreissäge gemeinsam in einem Schnitt auf das Endmaß, oder verwenden Sie einen einstellbaren Längenanschlag, an den die zuvor geprüften Schnittflächen angelegt werden.

Legen Sie je ein vorderes Stuhlbein (3) auf die Vorderseite eines hinteren Stuhlbeines, bündig mit der Standfläche. Mit Bleistift übertragen Sie die Oberkanten der vorderen Stuhlbeine und erhalten so die Position der Unterkante der Sitzfläche (1). Kennzeichnen Sie die Bauteile mit einem weichen Bleistift, um sie später einander zuordnen zu können.

Nun zeichnen Sie die Lage der Querverstrebungen (4) an. Legen Sie die Stuhlbeine mit den Innenseiten nach oben nebeneinander, die Standflächen an einen Anschlag geschoben. Markieren Sie die Höhenmaße auf der ersten und letzten Leiste. An einem Zimmermannswinkel entlang wird nun der Bleistiftriss über alle Leisten hinweg geführt. Für die Position der Längsverstrebungen (5) verfahren Sie ebenso.

Bohren Sie in die Stirnseiten der Längs- und Querverstrebungen Löcher für die Dübel (8 mm ø). Mit Dübelmarkern drücken Sie die Markierungen für die Dübelbohrungen in die Gegenstücke ein. Benutzen Sie einen Anschlag oder einen Bohrständer, damit alle Bohrungen gleich tief werden.

Setzen Sie in die Stirnseiten der Querverstrebungen Holzdübel ein, dann leimen Sie das vordere und das hintere Beinpaar mit den Verstrebungen zusammen. Überschüssiger Leim muss sofort mit einem feuchten Lappen entfernt werden. Verspannen Sie die Bauteile bis zur vollständigen Aushärtung des Leims mit Schraubzwingen. Die Backen der Zwingen werden mit Holzresten unterfüttert, damit sich das Metall nicht in das Werkstück eindrückt. Achten Sie darauf, dass die eingespannten Bauteile im rechten Winkel sind. Nach dem Aushärten der Verleimung werden das Vorder- und das Hinterteil des

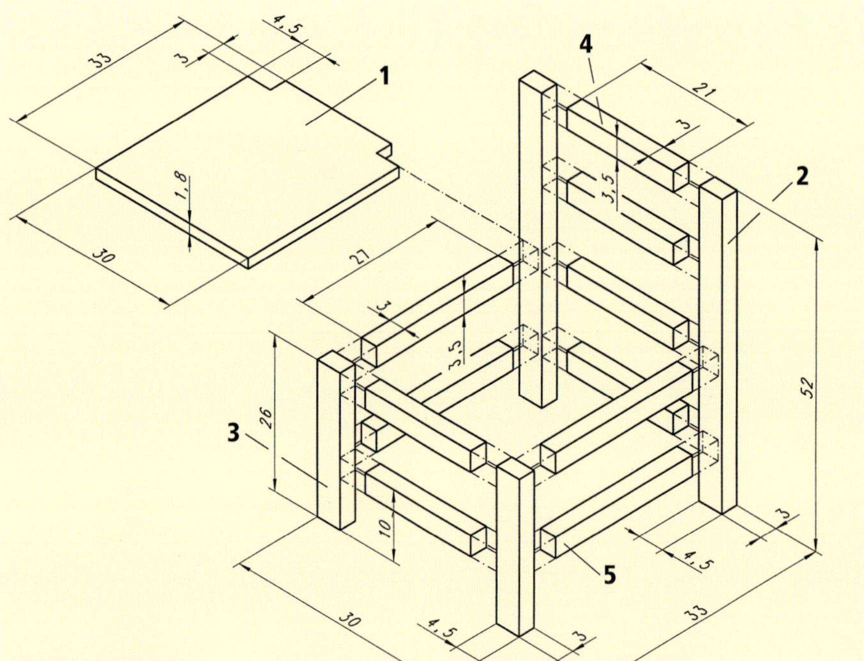

Explosionsansicht

3D-Ansicht (mit Transparenz)

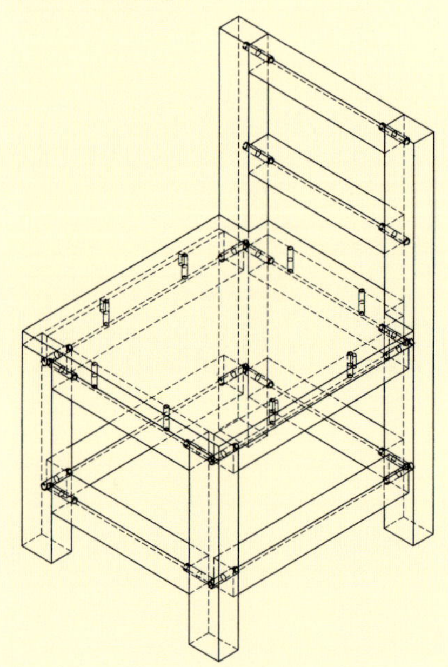

Stuhles mit den Längsverstrebungen verbunden. Vor dem Verleimen stecken Sie die Teile probeweise zusammen, um Sitz und Winkligkeit zu prüfen. Achten Sie vor allem darauf, ob alle Stuhlbeine Bodenkontakt haben. Falls notwendig, haben Sie jetzt noch die Möglichkeit, eine Dübelbohrung zu korrigieren.

Sitzfläche

Nach dem Verleimen aller Baugruppen reißen Sie die Abmessungen der Sitzfläche (1) an. Die Längsschnitte erstellen Sie am besten auf einer Kreissäge, für die Ausschnitte der hinteren Stuhlbeine verwenden Sie eine Stichsäge.
In die Oberseite der Auflagen für die Sitzfläche werden jetzt Löcher für Holzdübel (6 mm ø) gebohrt.
Mit Dübelmarkern übertragen Sie die Lage der Dübelbohrungen auf die Sitzfläche. Mit Hilfe eines Bohrständers bringen Sie die Bohrungen für die Dübel an, dann leimen Sie die Holzdübel in die Sitzfläche. Bestreichen Sie die Oberflächen der Auflagen mit Holzleim und geben auch Leim in die Dübellöcher. Montieren Sie nun die Sitzfläche auf das Untergestell. Mit leichten Schlägen des Holzhammers treiben Sie die Holzdübel in die Bohrungen. Verwenden Sie dabei ein Schlagholz, das über die gesamte Breite der Sitzfläche reicht. Achten Sie darauf, dass die Sitzfläche allseits plan aufliegt. Sitzfläche und Rahmen werden mit Schraubzwingen verspannt. Nach dem vollständigen Aushärten der Verleimung kann das Werkstück geschliffen und gestrichen werden.

Oben: Die Lage der Dübellöcher in der Unterseite der Sitzfläche wird mit Dübelmarkern übertragen.

Unten: Sitzfläche und Stuhlgestell werden mit Schraubzwingen verspannt.

Kinderstuhl ohne Armlehnen				
Pos.	Stck.	Benennung/Abmessungen	Werkstoff	Bauteil
1	1	30 x 1,8 x 33 cm	Leimholz / Fichte	Sitzfläche
2	2	4,5 x 3 x 52 cm	Fichte, massiv	Stuhlbeine lang
3	2	4,5 x 3 x 26 cm	Fichte, massiv	Stuhlbeine kurz
4	6	3,5 x 3 x 21 cm	Fichte, massiv	Querstreben
5	4	3,5 x 3 x 27 cm	Fichte, massiv	Längsstreben
6	20	Holzdübel 8 mm ø	Hartholz	
7	6	Holzdübel 6 mm ø	Hartholz	

Kinderstuhl mit Armlehnen

Gestell

Als erstes werden die Holzleisten für die Beine sowie für die Längs-und Querverstrebungen (1 - 4) zugeschnitten, jeweils mit Längenzugabe. Bei diesen Teilen sollte mindestens eine Schnittkante sauber und rechtwinklig ausgeführt sein. Damit alle zusammengehörenden Bauteile exakt die gleiche Länge bekommen, kürzen Sie sie mit der Kreissäge gemeinsam in einem Schnitt auf das Endmaß.
Nun markieren Sie die Lage der Armlehnen (6) auf den hinteren Stuhlbeinen. Legen Sie hierzu je ein vorderes Stuhlbein (2) auf die Vorderseite eines hinteren (1), bündig mit der Standfläche. Mit Bleistift übertragen Sie die Oberkanten der vorderen auf die hinteren Stuhlbeine. Diese Linie legt die Unterkante der Armlehnen fest. Markieren Sie die Bauteile mit einem weichen Bleistift, um sie später einander zuordnen zu können. Kürzen Sie nun die Rundstäbe (14 mm ø, Teil 5) auf das angegebene Maß. Hierzu benutzen Sie am besten eine Feinsäge und eine Schneidlade. So verhindern Sie das Ausreißen der Holzfasern an den Schnittkanten und erreichen einen rechtwinkligen Schnitt.
Für das Anreißen und auch das Bohren der Löcher (14 mm ø) in den Querverstrebungen (3) legen Sie diese parallel aneinander. Verspannen Sie sie mit Schraubzwingen. Markieren Sie die Bohrmaße auf einem Teil und übertragen Sie sie mit einem Zimmermannswinkel auf den anderen. Die Bohrungen müssen unbedingt rechtwinklig und gleich tief werden, sonst wird die Rückenlehne schief. Verwenden Sie daher einen Bohrständer mit Tiefenanschlag. Die Bohrtiefe der 14 mm-Löcher beträgt 15 mm. Geben Sie den Einzelteilen jetzt den endgültigen Feinschliff, nach dem Zusammenbau ist dafür zu wenig Platz.
Zur Montage der Rückenlehne geben Sie etwas Holzleim in die Bohrungen, stecken Sie die Rundstäbe dazwischen und verspannen Sie das Bauteil mit Schraubzwingen. Überprüfen Sie die Maßhaltig-

Oben: Für die Bohrungen, in die die Rundstäbe der Rückenlehne eingesetzt werden, verwenden Sie einen Bohrständer.

Unten: Beim Einspannen der Rückenlehne müssen die Verbindungen im rechten Winkel bleiben und plan aufliegen.

keit und Winkligkeit des Bauteiles. Falls sich die Querstreben verdrehen, legen Sie Hilfsleisten quer darüber (mit einer Zwischenlage aus Papier). Mit weiteren Schraubzwingen spannen Sie das Bauteil plan.

Reißen Sie nun die Lage der Querverstrebungen (4) zwischen den vorderen und hinteren Stuhlbeinen an. Hierzu werden die Stuhlbeine mit den Innenseiten nach oben nebeneinander gelegt und mit den Standflächen an einem Anschlag ausgerichtet. Die angegebenen Höhenmaße markieren Sie auf der ersten und letzten Leiste und übertragen sie mit einem Zimmermannswinkel auf die übrigen Leisten. Für die Position der Längsverstrebungen (4) verfahren Sie ebenso.

Nach dem Aushärten der Verleimung der Rückenlehnen bohren Sie in die Stirnseiten der Streben Löcher für die Holzdübel (8 mm ø). Stecken Sie Dübelmarker in diese Löcher und drücken Sie auf den Gegenstücken die Körnerpunkte für die Dübelbohrungen ein. Die Position der einzelnen Teile zueinander kennzeichnen Sie mit einem weichen Bleistift. Benutzen Sie einen Anschlag, um eine gleichmäßige Tiefe der Bohrungen zu erzielen, besser noch einen Bohrständer.

Geben Sie etwas Holzleim in die Bohrungen. Die Dübel werden mit leichten Schlägen des Holzhammers eingetrieben. Die Stirnseiten der Streben bestreichen Sie mit Holzleim, geben etwas Leim in die Dübellöcher und stecken jeweils ein vorderes und ein hinteres Stuhlbein mit den Streben zusammen. Herausquellender Leim muss sofort mit einem feuchten Lappen entfernt werden. Verspannen Sie die Bauteile bis zur vollständigen Aushärtung des Leims mit Schraubzwingen. Unterfüttern Sie mit Holzresten, damit sich die Backen der Zwingen nicht in das Werkstück eindrücken und sich der Druck möglichst gleichmäßig verteilt. Achten Sie darauf, dass die eingespannten Bauteile im rechten Winkel sind.

Nun bauen Sie die beiden Seitenteile mit den restlichen Streben zusammen. Prüfen Sie vor dem Verleimen probeweise Sitz und Winkligkeit der Teile. Alle Stuhlbeine müssen Bodenkontakt haben. Notfalls können Sie jetzt noch Dübelbohrungen korrigieren.

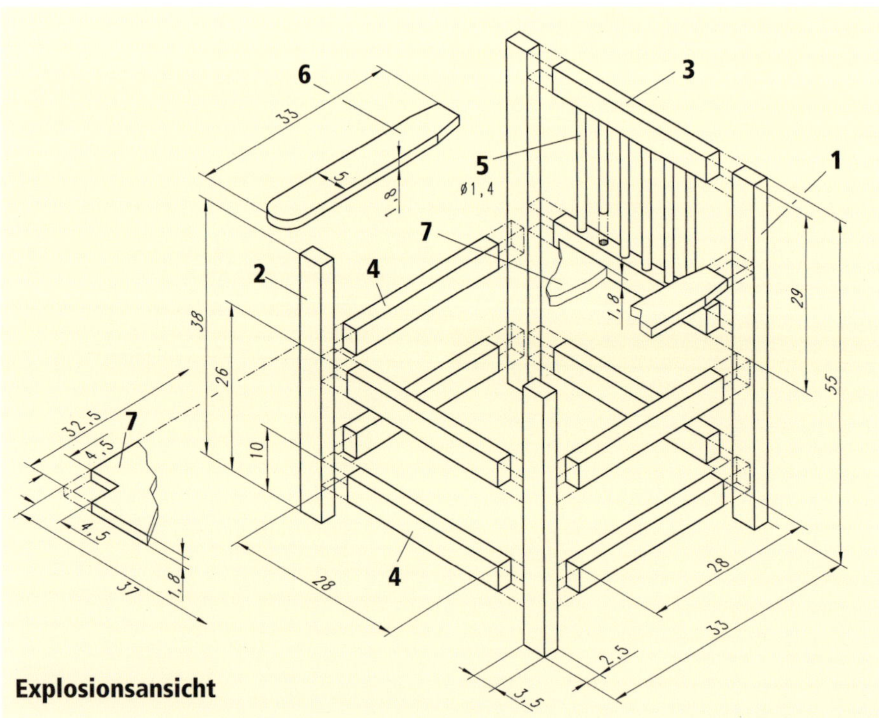

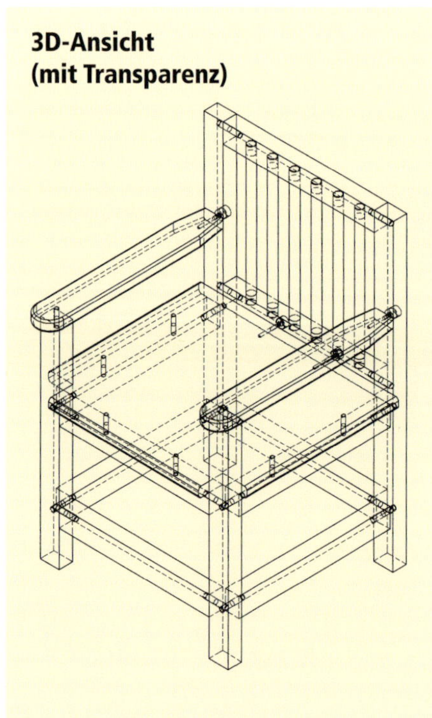

Sitzfläche

Nach dem Verleimen des Gestells reißen Sie die Abmessungen der Sitzfläche (7) an und sägen diese aus (Breite 37 cm, Tiefe 32,5 cm). Die Längsschnitte erstellen Sie am besten auf einer Kreissäge, für die Ausschnitte der Stuhlbeine verwenden Sie eine Stichsäge. Für die Genauigkeit des Sägeschnittes ist es von Vorteil, die inneren Ecken der Ausschnitte vorab mit einem kleinen Durchmesser vorzubohren. In die Oberseite der Auflagen für die Sitzfläche können nun Löcher für Holzdübel (6 mm ø) gebohrt werden. Stecken Sie Dübelmarker in diese Bohrungen, legen Sie die Sitzfläche auf und fixieren Sie die Lage der Gegenbohrungen mit leichten Schlägen des Holzhammers. Für diese Bohrungen spannen Sie die Maschine in einen Bohrständer, anschließend leimen Sie die Holzdübel in die Sitzfläche ein. Bestreichen Sie die Oberflächen der Auflagen mit Holzleim, ebenso die Stoßfläche der Sitzplatte zur Rückenlehne. Nachdem auch etwas Leim in die Dübellöcher gegeben wurde, montieren Sie die Sitzfläche auf das Untergestell. Helfen Sie mit leichten Schlägen des Holzhammers nach, legen Sie aber unbedingt ein Schlagholz unter, das über die gesamte Breite der Sitzfläche reicht, damit die Holzplatte nicht entlang der Maserung bricht. Die Sitzfläche muss allseitig plan aufliegen und hinten mit der unteren Strebe der Rückenlehne abschließen. Zum Schluss verspannen Sie Sitzfläche und Rahmen mit Schraubzwingen.

Zur Versteifung der Konstruktion verschrauben Sie die Sitzplatte von hinten mit der Rückenlehne. Die Mittelpunkte der anzubringenden Bohrungen finden Sie folgendermaßen: Teilen Sie die untere Strebe der Rückenlehne in drei Teile und markieren Sie auf jeder Drittelmarkierung die Lage der Bohrung 9 mm (= halbe Brettdicke der Sitzfläche) von der Unterkante. Mit dem Forstnerbohrer bohren Sie zwei Sacklöcher für die Holzstopfen (15 mm ø), anschließend erstellen Sie die Durchgangsbohrungen (5 mm ø) für die Schrauben. Noch bevor der Leim abgebunden hat, drehen Sie zwei Senkkopfschrauben (4,5 x 40 mm) von hinten in die Sitzplatte. In die beiden Sacklöcher leimen Sie jetzt die Holzstopfen ein. Überstehende Teile werden mit einer gekröpften Feinsäge bündig abgeschnitten.
Es ist unbedingt notwendig, die Sitzfläche vor den Armlehnen zu montieren. Bei bereits angebauten Armlehnen bestünde keine Möglichkeit mehr, die Sitzfläche auf dem Gestell zu befestigen.

Armlehnen

Als letztes Bauteil sind nun die Armlehnen (6) anzufertigen. Schneiden Sie die Konturen auf der Kreissäge aus, in der Länge mit etwas Zugabe. Zeichnen Sie die vorderen Rundungen und die hinteren Schrägschnitte auf das Holz auf und sägen Sie diese mit der Stichsäge aus. Die Kanten der Armlehnen sollten möglichst abgerundet werden. Wenn Sie über eine Oberfräse verfügen, kann dies mit einem Anlauffräser geschehen. Auch die in den Ständer eingespannte Bohrmaschine kann mit einem Fräskopf versehen werden, um die Kanten zu brechen. In jedem Fall empfiehlt es sich, die Armlehnen vor der Endmontage fein zu schleifen. Die Rundungen können auf diese Art besser herausgearbeitet werden. Bohren Sie in die Stirnseiten der vorderen Stuhlbeine je zwei Dübellöcher (6 mm ø). Stecken Sie Dübelmarker in die Bohrungen, richten Sie die Armlehnen aus und markieren Sie mit leichten Hammerschlägen die Körnerpunkte für die Bohrungen. Bohren Sie diese Löcher mit dem Bohrständer, dann leimen Sie Holzdübel ein. Nur wenn die Armlehnen an das Rückenteil angedübelt werden sollen, bohren sie in das rückwärtige Stirnholz und das Gegenstück Dübellöcher (8 mm ø). Mit etwas Holzleim auf den Stoßflächen und in den Dübellöchern können die Armlehnen montiert werden.
Durch starke Belastung könnte sich die gedübelte Verbindung der Armlehnen mit den hinteren Stuhlbeinen mit der Zeit lockern. Als Alternative befestigen Sie die Armlehnen mit Schrauben (Senkkopfschrauben 4,5 x 40 mm), anstatt die Armlehnen hier anzudübeln. Markieren Sie auf der Rückseite der hinteren Stuhlbeine die Lage der beiden Durchgangslöcher und bohren diese mit einem 5 mm ø-Bohrer). Anschließend erstellen sie mit einem Forstnerbohrer (15 mm ø) die Sackbohrungen. Nach der Montage der Armlehnen werden die Sackbohrungen mit eingeleimten Holzstopfen (11) verschlossen. Nach dem Aushärten aller Verleimungen alle Oberflächen schleifen und streichen.

Kinderstuhl mit Armlehnen

Pos.	Stck.	Benennung/Abmessungen	Werkstoff	Bauteil
1	2	2,5 x 3,5 x 55 cm	Fichte, massiv	Stuhlbeine lang
2	2	2,5 x 3,5 x 38 cm	Fichte, massiv	Stuhlbeine kurz
3	2	2,5 x 3,5 x 28 cm	Fichte, massiv	Querstreben Rückenlehne
4	7	2,5 x 3,5 x 28 cm	Fichte, massiv	Querstreben Stuhl
5	6	Rundstab 1,4 cm ø, 25 cm lang	Kiefer	Streben Rückenlehne
6	2	5 x 1,8 x 33 cm	Leimholz / Fichte	Armlehnen
7	1	37 x 1,8 x 32,5 cm	Leimholz / Fichte	Sitzfläche
8	20	Holzdübel 8 mm ø	Hartholz	
9	10	Holzdübel 6 mm ø	Hartholz	
10	4	Holzschrauben, Senkkopf, 4,5 ø x 40 mm	verzinkt	
11	4	Holzstopfen, konisch 15 mm ø	Fichte	

Kinderbank

Schneiden Sie die Leisten für die Beine (2, 3), die Längs- und Querverstrebungen (4, 5, 6) und die Rückenlehne (7 und 8) zu, jeweils mit einer Längenzugabe, um nach Prüfung der Schnittkanten nötigenfalls nachbessern zu können. Die Schnitte müssen gerade und rechtwinklig sein, sonst kann das Werkstück nicht gerade werden. Längen Sie alle zusammengehörenden Bauteile gemeinsam mit einem Schnitt auf das Endmaß ab oder verwenden Sie einen Anschlag, um genau auf gleiche Längen zu kommen.

Rückenlehne

Die Streben (8) werden zwischen die Querstreben der Rückenlehne (7) gedübelt (siehe Detailzeichnung Seite 21).

Für die Dübel bohren Sie an beiden Enden Löcher (8 mm ø) in das Hirnholz der Rippen. Da diese Teile zu lang sind, um sie mit dem Bohrständer bearbeiten zu können, müssen Sie diese Bohrungen freihändig erstellen. Damit das trotzdem möglichst im rechten Winkel gelingt, spannen Sie die Leisten mit Hilfshölzern und Schraubzwingen zu einem Block zusammen. Dadurch vergrößern Sie die Auflagefläche. Fertigen Sie aus einem Brett eine Bohrschablone, deren Dicke Sie so wählen, dass sie zugleich als Anschlag für die Bohrtiefe verwendet werden kann. Spannen Sie die Querstreben (7) parallel nebeneinander fest. Markieren Sie die Lage der Rippen auf beiden Teilen. Beschriften Sie alle Bauteile so, dass es beim Zusammenbau keine Verwechslungen geben kann. Dann reißen Sie die Lage der Bohrungen auf den Querstreben der Rückenlehne so an, dass die Rippen zwischen Vorder- und Hinterkante mittig ausgerichtet sind. Beim Bohren der Löcher (8 mm ø) für die Dübel achten Sie auf die Winkligkeit der Bohrungen. Benutzen Sie also möglichst einen Bohrständer. Geben Sie den Einzelteilen der Rückenlehne bereits jetzt den endgültigen Feinschliff, nach dem Zusammenbau ist das nur noch schwer möglich.

Zur Montage der Rückenlehne leimen Sie zuerst die Holzdübel in die Rippen. Dann bestreichen Sie deren Stoßseiten mit Holzleim, füllen etwas Leim in die Bohrungen der Querstreben und fügen alle Einzelteile zusammen. Verspannen Sie die Rückenlehne mit Schraubzwingen (Winkligkeit des Bauteiles prüfen). Durch den Druck der Zwingen können sich die Querstreben verdrehen. In diesem Fall legen Sie Leistenreste auf (mit

Oben: Bei zusammengehörenden Bauteilen hilft es, die Maße für Längs- und Querverstrebungen gemeinsam anzureißen.

Unten: Die Dübelbohrungen für die Rückenlehne sitzen in der Mitte der Querstreben.

Unten links: Die Leisten werden verspannt, bis der Leim vollständig ausgehärtet ist (gezeigt ist die Rückenlehne).

Kinderbank				
Pos.	**Stck.**	**Benennung/Abmessungen**	**Werkstoff**	**Bauteil**
1	1	35 x 1,8 x 80 cm	Leimholz / Fichte	Sitzfläche
2	2	3,5 x 4,5 x 60 cm	Fichte, massiv	Beine lang
3	2	3,5 x 4,5 x 38 cm	Fichte, massiv	Beine kurz
4	4	2,5 x 3,5 x 24 cm	Fichte, massiv	Längsstreben
5	2	2,5 x 3,5 x 73 cm	Fichte, massiv	Querstreben Bank
6	1	2,5 x 3,5 x 74 cm	Fichte, massiv	Aussteifung
7	2	2,5 x 3,5 x 73 cm	Fichte, massiv	Querstreben Rückenlehne
8	7	2 x 2,5 x 17 cm	Fichte, massiv	Streben Rückenlehne
9	2	5 x 1,8 x 33 cm	Leimholz / Fichte	Armlehnen
10	34	Holzdübel 8 mm ø	Hartholz	
11	14	Holzdübel 6 mm ø	Hartholz	

Explosionsansicht

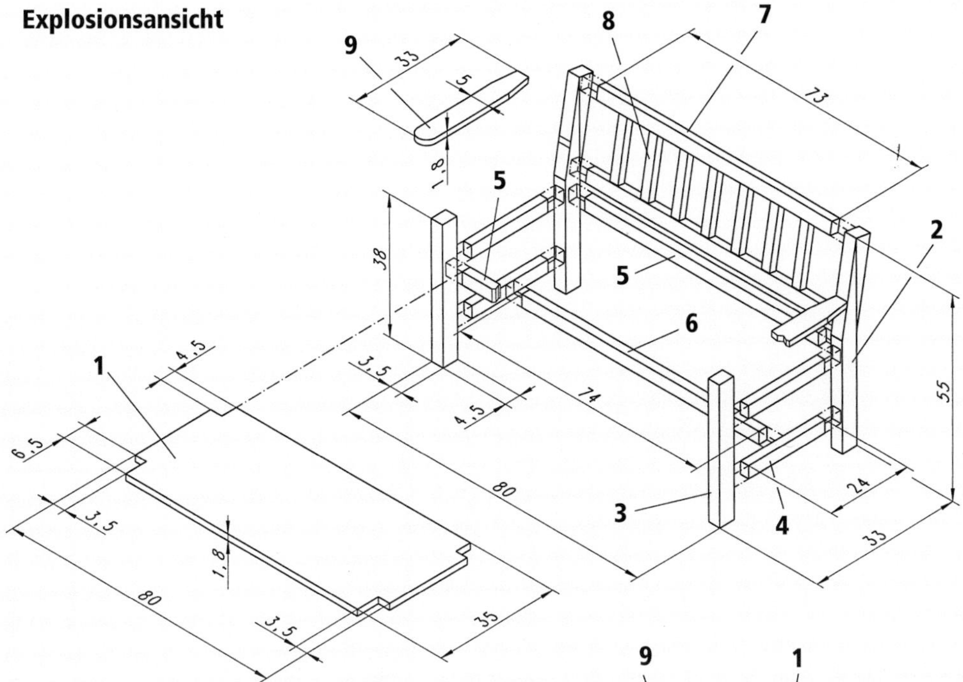

Detail zu den hinteren Beinen

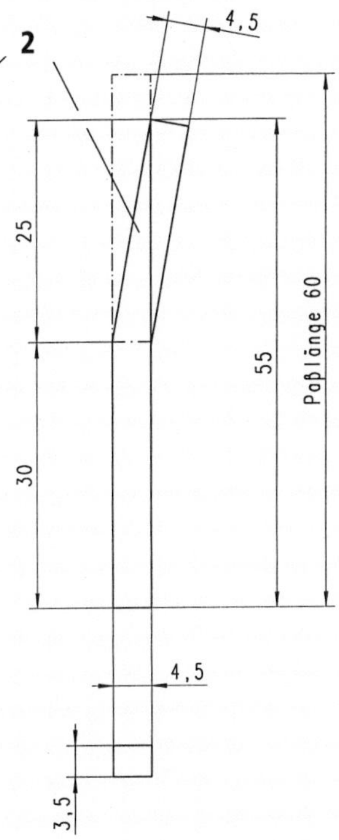

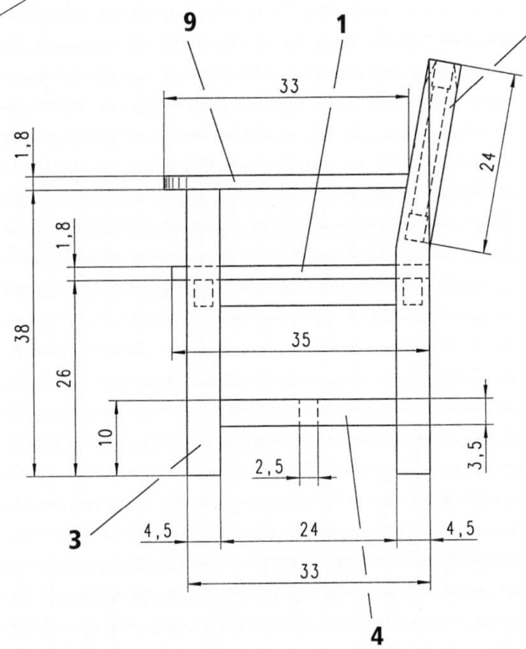

Seitenansicht

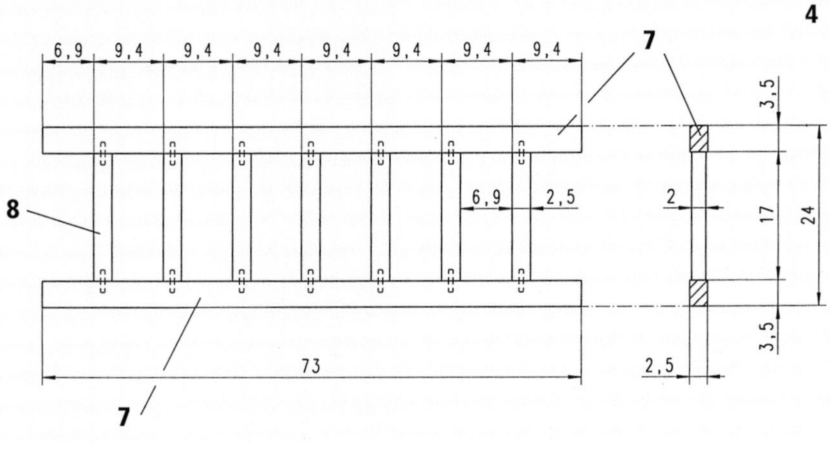

Detail zur Rückenlehne

einer Zwischenlage aus Papier). Spannen Sie das Bauteil mit weiteren Schraubzwingen plan.

Hintere Beine

Im nächsten Arbeitsgang fertigen Sie die hinteren Beine der Bank an. Um eine bequeme Sitzposition zu erreichen, muss die Rückenlehne leicht nach hinten geneigt werden. Längen Sie die Leisten (2) für die hinteren Beine auf die Passlänge von 60 cm ab und schneiden Sie ein Ende keilförmig zu (siehe Detail Seite 21). Auf der Kreissäge verwenden Sie ein Hilfsbrett als Anschlag. Wenn Sie diese Schnitte erstellen, müssen Sie dies unter Beachtung der Anweisungen und Sicherheitshinweise der Bedienungsanleitung der Kreissäge durchführen. Leimen Sie den abgetrennten Keil von hinten gegen das Bein und verspannen Sie die Konstruktion mit Schraubzwingen. Nach dem Aushärten der Verleimung werden Unebenheiten mit dem Hobel beseitigt. Anschließend können Sie das Bein auf Fertigmaß zuschneiden.

Seitenteile

Die Seitenteile werden zusammengebaut, aber zunächst noch ohne Armlehnen. Diese kommen als letztes Bauteil an die Reihe, da sonst die Sitzfläche nicht mehr einzuführen wäre. In die Stirnseiten der Längsstreben (4) sind Löcher für Holzdübel (8 mm ø) zu bohren. Zum Anreißen der Streben legen Sie die Stuhlbeine mit den Innenseiten nach oben nebeneinander. Richten Sie die Standflächen an einem gemeinsamen Anschlag aus. Markieren Sie die angegebenen Maße auf der ersten und letzten Leiste, und übertragen Sie sie mit einem Zimmermannswinkel auf alle Leisten. Für die Position der Querstreben (5) verfahren Sie ebenso.

Zusammenbau des Gestells

Nach dem Aushärten der Verleimung der Rückenlehnen bohren Sie in die Stirnseiten der Querstreben (5, 7) und der Aussteifung (6) Löcher für die Holzdübel (8 mm ø). Stecken Sie Dübelmarker in

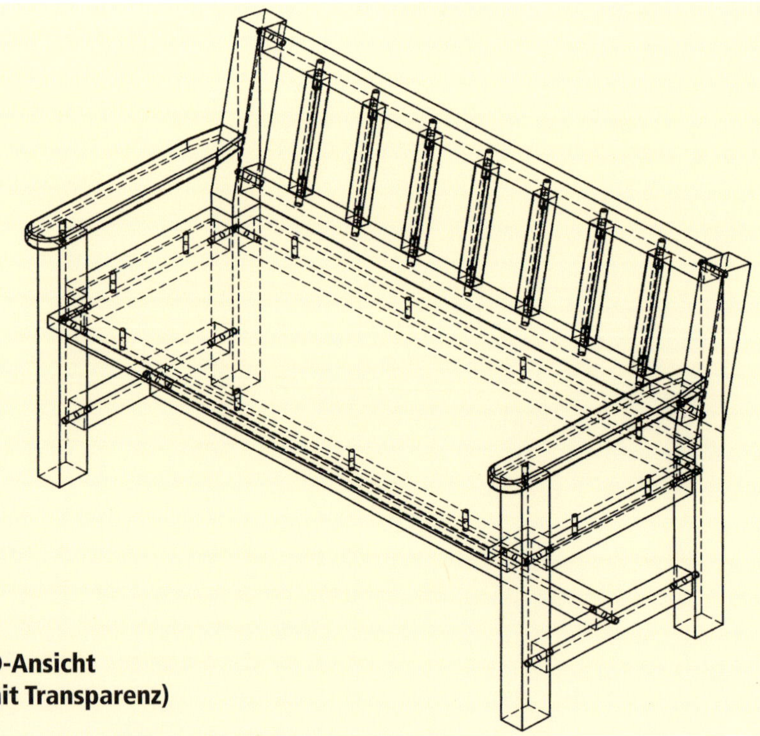

3D-Ansicht (mit Transparenz)

Oben links: Ein Ende der hinteren Beine wird keilförmig zugesägt.

Oben Mitte: Die Seitenteile der Bank werden zunächst ohne Armlehnen montiert.

Oben rechts: Der abgetrennte Keil wird von hinten gegen das Bein geleimt

diese Löcher und markieren Sie die Position der Dübelbohrungen auf den Gegenstücken. Zuvor kennzeichnen Sie jedoch die Lage der einzelnen Teile zueinander mit einem Bleistift. Zum Bohren der Dübellöcher spannen Sie die Maschine in einen Bohrständer. Leimen Sie Holzdübel in die Längsstreben (4), geben Sie Leim auf die Kontaktstellen und fügen Sie die beiden Seitenteile zusammen. Überschüssigen Leim sofort mit einem feuchten Lappen entfernen. Verspannen Sie die Bauteile mit Schraubzwingen. Sind die Seitenteile vollständig ausgehärtet, können sie mit den Querverstrebungen und der Rückenlehne verbunden werden. Vor dem Verleimen stecken Sie die Teile probeweise zusammen, um sie auf Passgenauigkeit zu prüfen.

Sitzfläche

Nachdem das Gestell der Sitzbank fertiggestellt ist, kann die Sitzfläche (1) angerissen und auf Maß geschnitten werden. Die Ausschnitte erstellen Sie mit einer Stichsäge (Innenecken der Ausschnitte vorab mit kleinem Durchmesser ausbohren).
In die Oberseite der Rahmenleisten unter der Sitzfläche bohren Sie Löcher für Holzdübel (6 mm ø). Übertragen Sie Position der Dübellöcher mit Dübelmarkern auf die Unterseite der Sitzfläche. Geben Sie Holzleim auf alle Auflageflächen, ebenso in die Dübellöcher. Mit den in die Sitzfläche eingeleimten Holzdübeln montieren Sie sie auf das Untergestell. Sie können mit leichten Holzhammerschlägen nachhelfen (genügend langes Schlagholz unterlegen). Verspannen Sie die Sitzfläche mit Schraubzwingen, damit sie plan aufliegt.

Armlehnen

Als letztes Bauteil fertigen Sie die Armlehnen (9) an. Schneiden Sie die äußeren Konturen auf der Kreissäge aus, in der Länge mit etwas Schnittzugabe für die Stichsäge. Zeichnen Sie die vorderen Rundungen und die hinteren Schrägschnitte auf und schneiden Sie die Form mit der Stichsäge aus. Die Stoßfläche der Armlehnen zu den Rückenlehnen muss an die Schräge angepasst werden, das Sägeblatt ist entsprechend schräg zu stellen. Die Kanten der Armlehnen sollten möglichst abgerundet werden. Verwenden Sie dazu eine Oberfräse mit einem Anlauffräser, oder versehen Sie die in den Ständer eingespannte Bohrmaschine mit einem Fräskopf, um hiermit die Kanten zu brechen. Es empfiehlt sich, die Armlehnen vor der Endmontage fein zu schleifen. Die Rundungen können auf diese Art besser herausgearbeitet werden.
In die Stirnseiten der vorderen Beine werden je zwei Dübellöcher (6 mm ø) gebohrt. Fixieren Sie die Löcher mit Dübelmarkern in den Armlehnen, um auch dort Dübellöcher zu bohren. Mit den Dübeln (8 mm ø, je ein Dübel pro Armlehne) für den Anschluss an die Rückenlehne verfahren Sie ebenso. Mit etwas Holzleim auf allen Kontaktflächen können nun die Armlehnen montiert und verspannt werden.
Zum Abschluss schleifen und streichen Sie die Oberflächen der Bank. Wenn die Bank ständig im Freien stehen soll, muss ein wetterbeständiger Anstrich gewählt werden. Für die Verleimungen benutzen Sie in diesem Fall einen wasserfesten Leim. Zudem sollten Sie Möbelgleiter in die Auflageflächen der Füße nageln, damit das Hirnholz nicht Wasser ziehen und faulen kann.

Spielzeugkisten

Kinder haben zu Ordnung ein ganz eigenes Verhältnis. Spielzeug bleibt nach Gebrauch einfach liegen, Unordnung im Kinderzimmer nach dem Spiel stört sie nicht im Geringsten. Um die lästige Pflicht des Aufräumens etwas zu erleichtern, finden Sie nachfolgend zwei Anleitungen zum Bau von Spielzeugkisten.

Die erste Kiste ist einem amerikanischen Truck nachempfunden. Der gelenkig angehängte Auflieger kann abgenommen werden. In der mit einem Deckel versehenen zweiten Spielzeugtruhe ist viel Platz für Spielzeug und anderes. Der geschlossene Deckel kann zugleich als Spieltisch oder Hocker genutzt werden.

Lastwagen

Dieser Lastwagen wird sicher viele kleine Brummi-Fahrer in den Kinderzimmern begeistern. Der abnehmbare Auflieger dieses Fahrzeuges dient als Spielzeugkiste. Das Modell sieht auf den ersten Blick vielleicht kompliziert und arbeitsintensiv aus. Lassen Sie sich aber davon nicht abschrecken. Es ist leichter nachzubauen, als der erste Eindruck vermuten lässt.

Räder

Bei der Konstruktion dieses Lastwagens habe ich auch die Räder selbst hergestellt. Mittlerweile gibt es in den Baumärkten ein großes Sortiment an Holz- und Kunststoffrädern für den Bastelbedarf, ebenso

Durchsteckachsen aus Metall, an denen die Räder mit Federscheiben befestigt werden. Bei der Verwendung solcher Fertigteile müssen Sie die Abmessungen der angrenzenden Bauteile entsprechend abändern.
Wenn Sie die Räder selbst herstellen, ist es am leichtesten, sie mit dem Kreisschneider der Oberfräse auszuschneiden. Hierbei können auch gleich die Laufflächen abgerundet und die Seiten profiliert werden. Mit etwas mehr Aufwand lassen sich die Räder auch mit Bohrmaschine oder Stichsäge herstellen.
Die kleinen Räder (19; 10 cm ø) können Sie mit einer Lochsäge aussägen. Lassen Sie die Bohrmaschine dabei mit niedriger Drehzahl laufen. Durch den Zentrierbohrer entstehen zugleich Befestigungslöcher in den Radnaben. Wenn alle Räder ausgesägt sind, müssen sie so bearbeitet werden, dass sie genau den gleichen Durchmesser haben. Dazu fertigen Sie sich eine Hilfskonstruktion. Stecken Sie alle Räder auf eine Gewindestange (6 mm ø). Fügen Sie beidseitig eine Mutter mit Scheibe an und ziehen Sie die Muttern fest. Befestigen Sie auf einer geeigneten Unterlage zwei Bretter, in die von oben 6 mm breite Schlitze hineingesägt werden. In die Schlitze legen Sie die Gewindestange ein. Nun können Sie die Laufflächen der Räder mit Raspel und Schleifpapier absolut gleichmäßig bearbeiten. Bei Bedarf kann der Gewindestab mit Muttern und Scheiben festgestellt werden, die Sie links und rechts der Hilfsbretter aufziehen. Zuletzt lösen Sie die Verschraubungen und schleifen die Kanten aller Räder rund.
Wenn die Räder mit Senkkopfschrauben befestigt werden, muss die Bohrung in den Radnaben an den Außenseiten der Räder versenkt werden. Alternativ können Sie auch mit einem Forstnerbohrer kleine Sacklöcher erstellen und Linsenkopfschrauben (mit Unterlegscheibe) bündig einsetzen.
Zur Herstellung der großen Räder (18; 14 cm ø) schneiden Sie zuerst zwei Leimholzbretter mit den Abmessungen 1,8 x 20 x 30 cm aus. Auf ein Brett tragen Sie mit einem Pinsel dünn Holzleim auf. Legen Sie das andere Brett darauf und spannen Sie beide mit Schraubzwingen zusammen. Durch dieses Aufdoppeln bekommen die Räder ihre Dicke von 3,6 cm. Nach dem Trocknen des Leimes zeichnen Sie auf dem Holz mit dem Zirkel nebeneinander zwei Kreise mit einem Durchmesser von je 14 cm. Sägen Sie die Kreise mit der Stichsäge aus, wobei Sie das Sägeblatt stets knapp außerhalb des Risses führen. Die Führungsplatte der Stichsäge muss immer sauber aufliegen, damit die Schnittkante rechtwinklig wird. Bohren Sie in die Radnaben Durchgangslöcher zur Montage mit den Senkkopfschrauben und senken die Bohrungen an. Mit den Laufflächen und Kanten dieser Räder verfahren Sie wie bei den kleineren Rädern.

Zugmaschine

Vorab ein Hinweis: Um ein möglichst gleichmäßiges Bild des fertigen Werkstückes zu erhalten, sollten Sie beim Zu-

Lastwagen				
Pos.	Stck.	Benennung/Abmessungen	Werkstoff	Bauteil
1	1	30 x 1,8 x 55 cm	Leimholz / Fichte	Grundplatte Zugmaschine
2	1	18,4 x 1,8 x 23,2 cm	Leimholz / Fichte	Rückwand Fahrerhaus
3	2	10 x 1,8 x 23,2 cm	Leimholz / Fichte	Seitenwand Fahrerhaus
4	2	14,2 x 1,8 x 20 cm	Leimholz / Fichte	Seitenteil Motorblock
5	1	14,2 x 1,8 x 18,4 cm	Leimholz / Fichte	Motorblock Vorderwand
6	1	13 x 1,8 x 30 cm	Leimholz / Fichte	Verstärkung Unterboden Zugmaschine
7	1	10 x 1,8 x 22 cm	Leimholz / Fichte	Dach Fahrerhaus
8	1	20 x 1,8 x 22 cm	Leimholz / Fichte	Motorhaube
9	1	9 x 3,6 x 22 cm (aus 2 x 1,8 cm)	Leimholz / Fichte	Windschutzscheibe
10	1	6 x 1,8 x 30 cm	Leimholz / Fichte	Stoßstange Zugmaschine
11	1	4 x 4 x 18,4 cm	Fichte, massiv	Verstärkung Vorderachse Zugmaschine
12	1	4 x 4 x 4 cm	Fichte, massiv	Verstärkung Schleppstangenaufnahme
13	2	7 x 3 x 17 cm	Fichte, massiv	Lager für hintere Radachsen Zugmaschine
14	1	6 x 1,8 x 6 cm	Leimholz / Fichte	Drehplatte Zugfahrzeug
15	2	4 x 1,8 x 9,7 cm (anpassen)	Leimholz / Fichte	Radabdeckung, Einzelteil vorne
16	2	4 x 1,8 x 10 cm (anpassen)	Leimholz / Fichte	Radabdeckung, Einzelteil oben
17	2	4 x 1,8 x 12,7 cm (anpassen)	Leimholz / Fichte	Radabdeckung, Einzelteil hinten
18	2	14 ø x 3,6 cm (aus 2 x 1,8 cm)	Leimholz / Fichte	Rad groß
19	8	10 ø x 1,8 cm	Leimholz / Fichte	Rad klein
20	2	Rundstab 3 ø x 21,8 cm	Buche	Auspuffstrang Unterteil
21	2	Rundstab 1,4 ø x 17 cm	Buche	Auspuffstrang Oberteil
22	1	Dübelstange 8 mm ø	Hartholz	Befestigung Auspuffstrang
23	2	Rundstab 3 ø x 6 cm	Buche	Luftfilter
24	1	26,4 x 1,8 x 66,4 cm	Leimholz / Fichte	Bodenplatte Auflieger
25	2	30 x 1,8 x 66,4 cm	Leimholz / Fichte	Seitenwände Auflieger
26	2	30 x 1,8 x 30 cm	Leimholz / Fichte	Querwände Auflieger
27	2	7 x 8 x 17 cm	Fichte, massiv	Futter für Auflieger-Radachsen
28	1	6 x 3,6 x 6 cm (aus 2 x 1,8 cm)	Leimholz / Fichte	Zapfenaufnahme Auflieger
29	1	Rundstab 3 ø x 6,7 cm	Buche	Drehzapfen Auflieger
30	1	8 x 1,8 x 25 cm	Leimholz / Fichte	Stoßstange Auflieger
31	10	Scheibe für Schraube M 6	verzinkt	Distanzscheiben für Räder
32	10	Holzschraube, Senkkopf ø 6 x 80	verzinkt	Radachsen
33	1	Einschraubhaken 6 mm ø	Stahl, verzinkt	Zugöse
34	60	Holzdübel 8 mm ø	Hartholz	

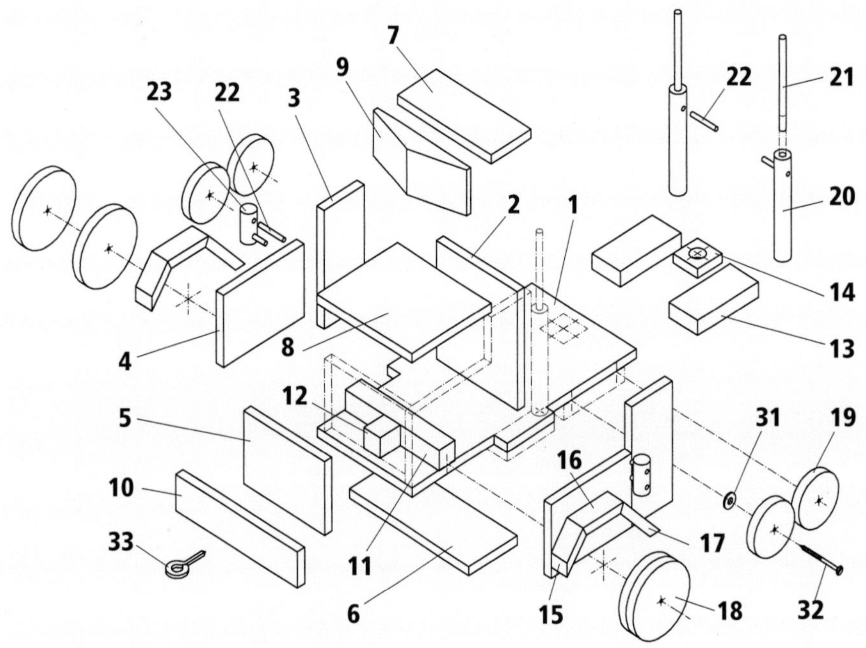

Explosionsansicht Zugmaschine

schnitt zueinander gehörender Teile darauf achten, dass der Verlauf der Maserung gleich ist. Auf keinen Fall aber dürfen beanspruchte Bauteile so geschnitten werden, dass der Kraftverlauf quer zur Holzfaser liegt. Diese Teile könnten leicht entlang einer Holzfaser abbrechen.
Die Konstruktion der Zugmaschine beginnt mit dem Zuschnitt der Grundplatte (1). Die Kanten dieses Teiles wie auch die aller folgenden Teile sind nach dem Aussägen mit Schleifpapier zu glätten. Zeichnen Sie auf der Oberseite der Grundplatte die Lage der anzubauenden Teile an. Die benötigten Maße entnehmen Sie bitte den Konstruktionszeichnungen auf den Seiten 26 und 27.
Für die spätere Montage der beiden Auspufftöpfe (20) links und rechts des Fahrerhauses erstellen Sie nun mit einem Forstnerbohrer (3 cm ø) die notwendigen Durchgangsbohrungen.

Seitenansicht Zugmaschine

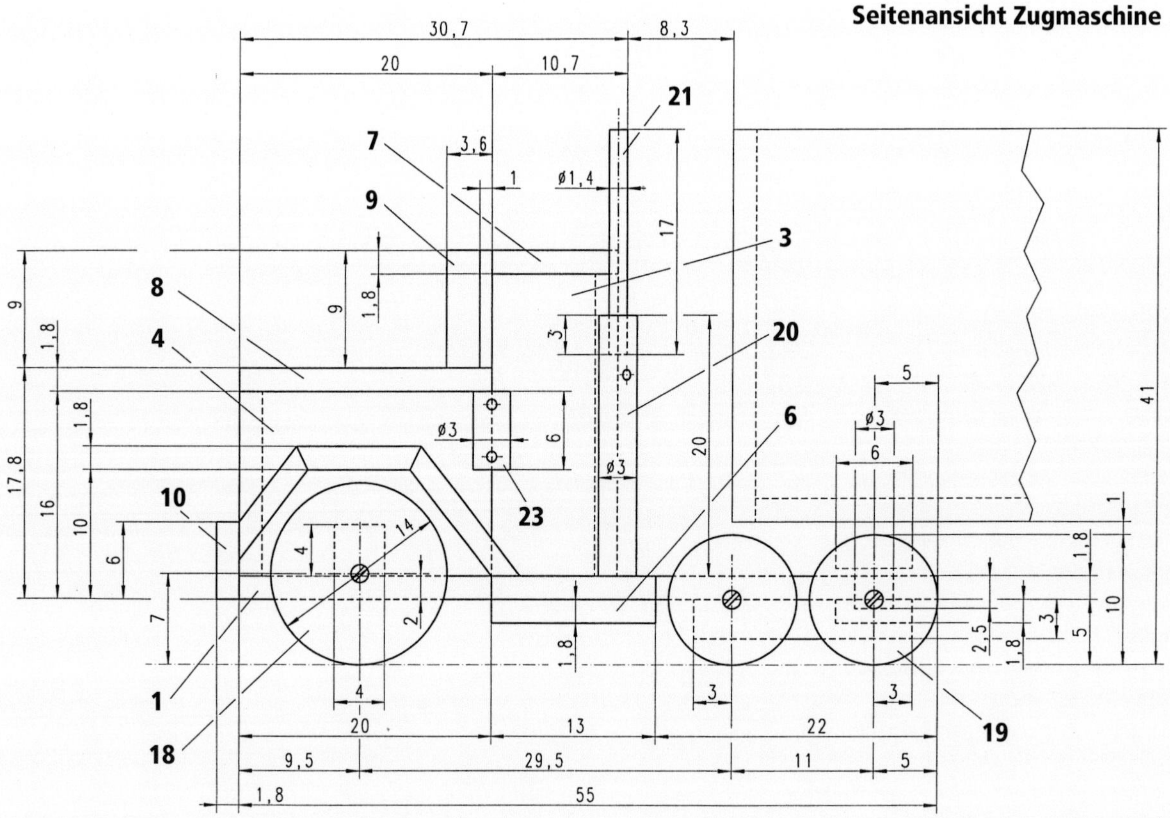

Motor

Der Zusammenbau des Motorblockes beginnt mit den Seitenwänden (4), die stumpf an die Vorderwand (5) stoßen. Tragen Sie auf die Stoßflächen der Vorderwand Leim auf, dann setzen Sie Vorderwand und Seitenflächen zusammen. Verspannen Sie die Teile mit Schraubzwingen. Längen Sie ein Stück Restholz entsprechend der Länge der Vorderwand ab und legen Sie es vor dem Anziehen der Zwingen zwischen die offenen Enden der Seitenwände, damit sie sich unter dem Anpressdruck nicht nach innen biegen. Nach dem Aushärten der Verleimung kann diese Baugruppe auf der Grundplatte befestigt werden. Um eine größere Stabilität zu erreichen, werden für die Verbindung zusätzlich Holzdübel (8 mm ø) verwendet. Bohren Sie, möglichst mit einem Bohrständer, Löcher in die Ober- und Unterseiten der Vorderwand und der Seitenwände. Achten Sie darauf, dass alle Bohrungen das richtige Tiefenmaß aufweisen.
Stecken Sie Dübelmarker in die Bohrungen der Unterseite, richten Sie die verleimten Teile auf der Grundplatte aus und klopfen Sie die Spitzen der Dübelmarker in das Holz. Die so angerissenen Dübellöcher in der Grundplatte werden gebohrt, dann geben Sie Leim auf die Stoßflächen der Seitenteile und in die Grundplatten-Löcher und stecken die Dübel ein. Anschließend können die Teile zusammengebaut und verspannt werden. Auf die gleiche Weise ist die Motorhaube (8) auf die Seitenwände zu dübeln. Zuvor leimen Sie jedoch die Verstärkungen (11, 12) zwischen den Seitenwänden auf die Grundplatte. Sie werden später als Gegenlager für die Verschraubungen sowohl der Vorderräder (18) als auch der Zugöse (33) benötigt.

Fahrerhaus

Seitenwände (3), Rückwand (2) und Dach (7) des Fahrerhauses sind in der gleichen Weise wie die Bauteile des Motors untereinander zu verleimen und auf der Grundplatte zu montieren. Die Seiten von Motor und Fahrerhaus leimen Sie stumpf zusammen.

3D-Ansicht (mit Transparenz)

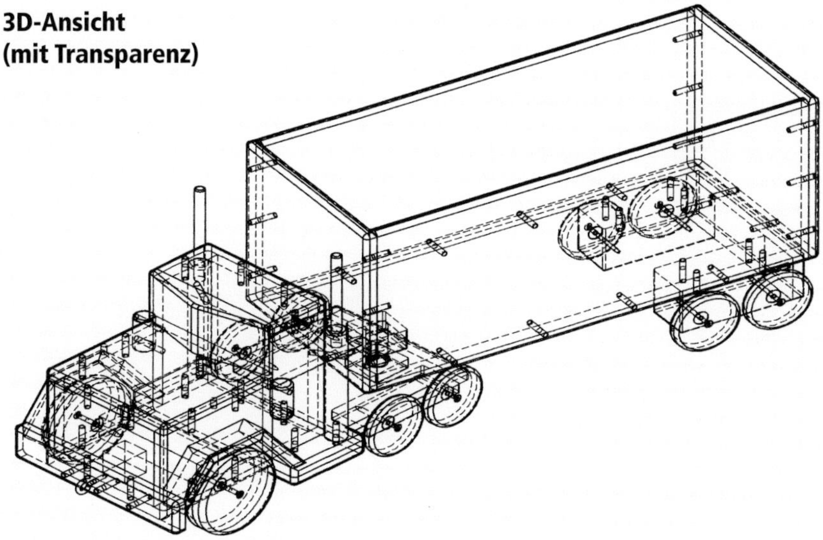

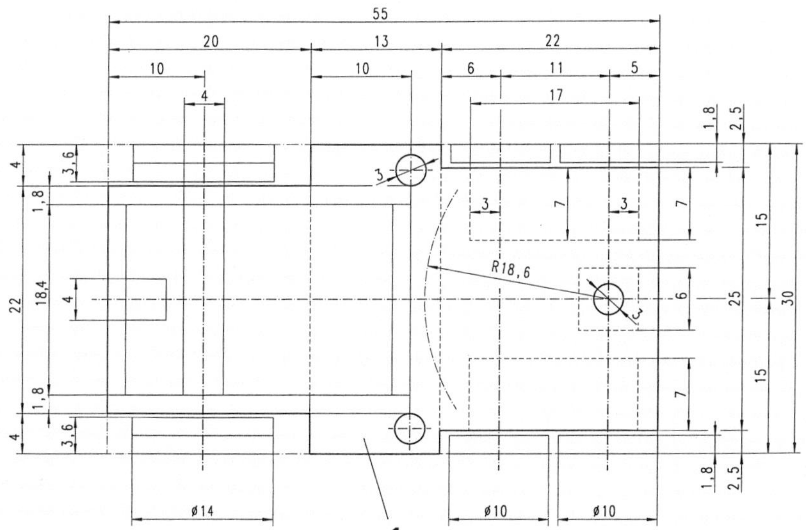

1

Grundplatte der Zugmaschine

Einzelteile für die vorderen Radabdeckungen

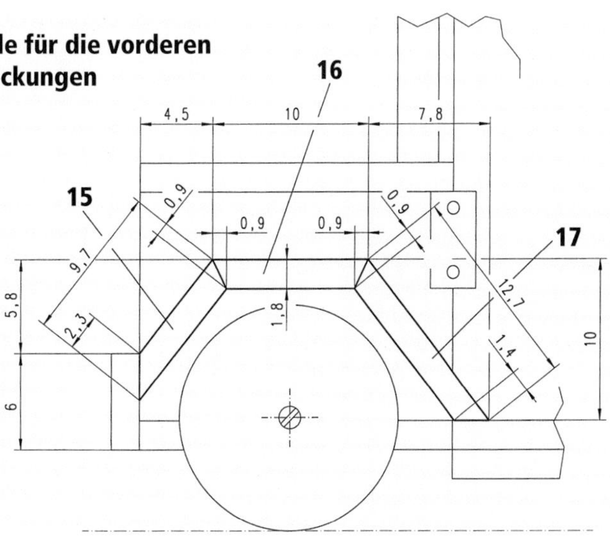

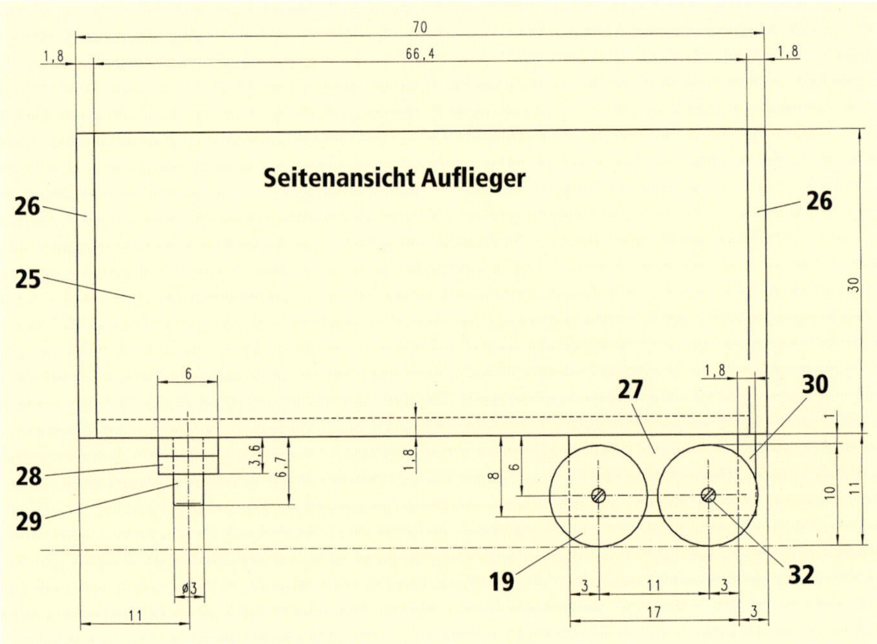

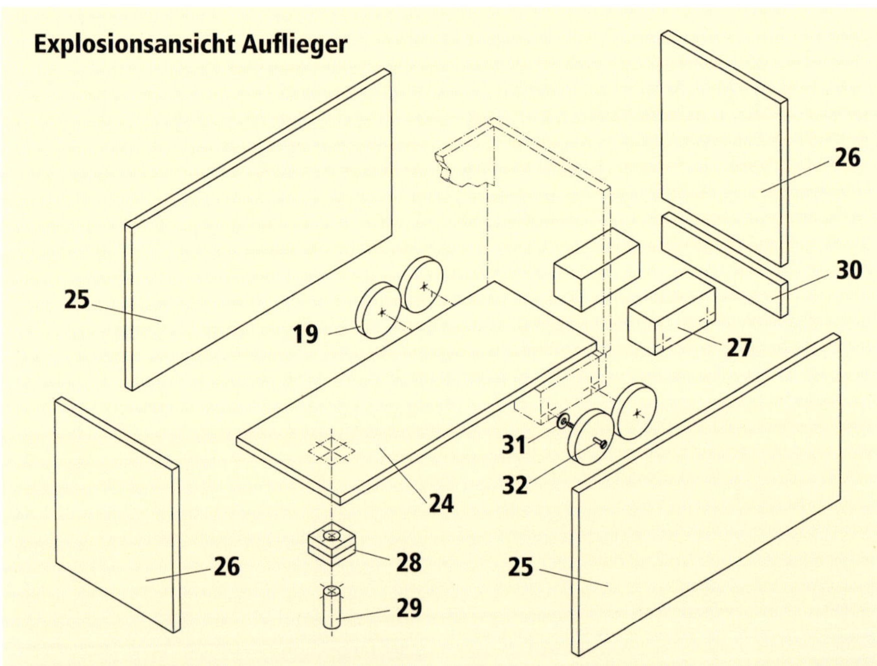

Die Seitenwand für Motor und Fahrerhaus könnte auch in einem Stück angefertigt werden. Hier ist sie jedoch aus zwei Gründen geteilt: Erstens können bei dieser Konstruktion die Teile auf der Kreissäge zugeschnitten werden, was wesentlich genauer ist als mit einer Stichsäge. Zweitens ergibt sich optisch eine Trennlinie zwischen Fahrerhaus und Motor, zugleich wird die Tür des Fahrerhauses angedeutet. Nun folgt eine etwas knifflige Arbeit: Das Zuschneiden der Windschutzscheibe (9). Bei amerikanischen Trucks ist die Scheibe oft geteilt und verläuft schräg nach außen. Auch die Scheibe des Modells soll dieses Aussehen bekommen.

Um die notwendige Materialstärke zu erreichen, leimen Sie zuerst zwei Bretter zusammen und sägen diese auf das notwendige Breiten- und Längenmaß. Bei dem nun folgenden Zuschnitt der vorderen Schrägen dürfen Sie mit den Fingern dem Sägeblatt nicht zu nahe kommen. Daher dübeln Sie auf der Rückseite der Windschutzscheibe vorübergehend ein Führungsholz an. Damit haben Sie das Bauteil beim Sägen fest im Griff. Als Anschlag beim Schrägschnitt verwenden Sie ein Brett, das in einem entsprechend großen Winkel zugeschnitten ist. Achten Sie darauf, dass sich die Schnitte in der Mitte der Scheibe möglichst als Gerade treffen. Geben Sie nach dem Entgraten aller Kanten Holzleim auf die Stoßflächen und montieren Sie das Bauteil an das Fahrerhaus. Beim Verspannen der Verleimung geben Sie zum Ausgleich der Schrägen die Abfallstücke des Zuschnittes unter die Auflagefläche der Zwingen.

Die Stoßstange (10) wird an der Front des Lastwagens mit drei Holzdübeln befestigt, danach kann die Zugöse (6 mm ø) eingeschraubt werden. Bohren sie hierfür durch die Stoßstange und die Frontplatte hindurch bis in die Verstärkungen (12) mit einem Bohrer vor, der maximal dem Kerndurchmesser des Gewindes entspricht.

Links: Vor dem Zuschnitt der Windschutzscheibe dübeln Sie auf der Rückseite ein Führungsholz an.

Rechts: Die Stoßstange an der Lastwagenfront wird mit drei Dübeln befestigt.

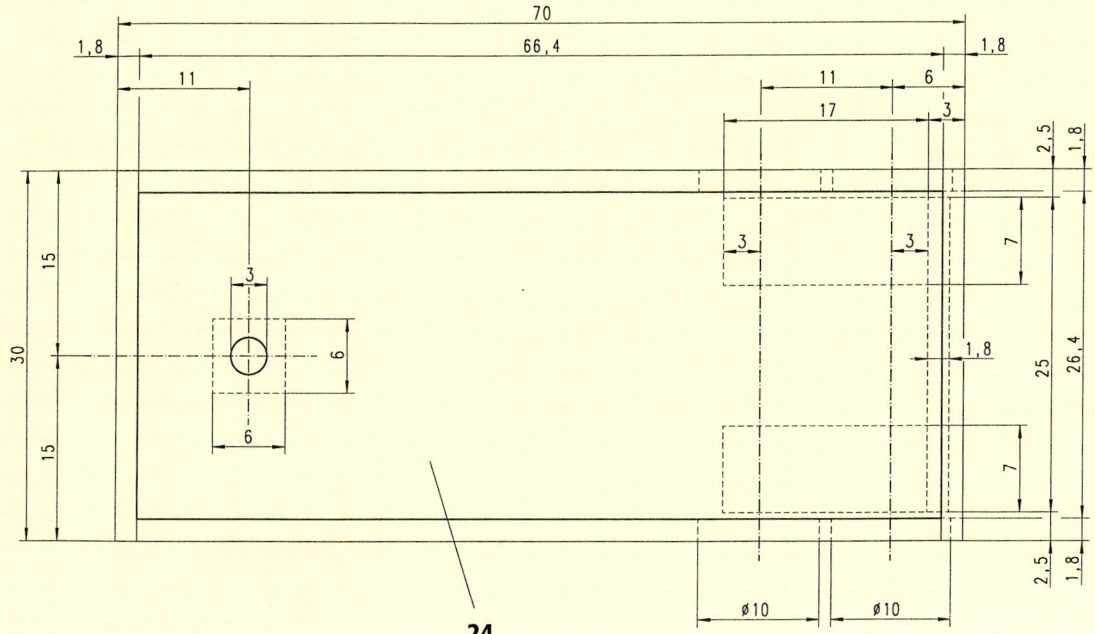

Bodenplatte des Aufliegers (Aufsicht)

Räder und Auspuff

Leimen Sie die beiden Lager (13) für die Schrauben der Hinterräder unter die Bodenplatte. Befestigen Sie diese dabei mit je vier Holzdübeln (8 mm ø), um den abhebenden Kräften der Holzschrauben (6 x 80 mm) entgegenzuwirken. Zur Aussteifung der Bodenplatte im Bereich der Auspufftöpfe ist nun eine Verstärkungsplatte (6) flächig unter die Bodenplatte zu leimen. Diese stellt in der Seitenansicht zudem eine Trittstufe unter der Tür zum Fahrerhaus dar. Auch das Gegenlager (14) für den Zapfen des Aufliegers sollte jetzt montiert werden.

Während der Leim trocknet, schneiden Sie die Rundhölzer für die Auspuffrohre (20, 21) zu. Diese Teile sollten unbedingt aus Hartholz gefertigt werden, da beim Spielen aufgrund des langen Hebels die auskragenden Auspuffrohre leicht abbrechen könnten. Zudem wird die Optik des Werkstückes durch die unterschiedlichen Holzfarben gegliedert und belebt. Bohren Sie in die dickeren unteren Rundstäbe Löcher (1,4 cm ø) für die dünneren oberen Stäbe, dann verleimen Sie beide Teile miteinander. Wenn der Lastwagen für kleine Kinder vorgesehen ist, empfehle ich, zum Schutz vor Verletzungen Holzkugeln auf die Spitze des Abgasrohres (21) zu leimen. Bevor die Auspuffrohre auf der Bodenplatte angebaut werden können, muss die Bohrung für die Aufnahme des Drehzapfens des Aufliegers mit einem Forstnerbohrer (3 cm ø) erstellt werden. Die Lage der Bohrung wurde bereits anhand der Zeichnung auf die Grundplatte übertragen. Die genaue Einhaltung der Maße ist wichtig für den Schwenkbereich des Aufliegers. Der angegebene Radius von 18,6 cm entspricht dem Eckmaß des Aufliegers, gemessen ab dem Drehzapfen. Runden Sie den Rand der Bohrung mit Schleifpapier etwas ab, so dass der Drehzapfen leichter einzuführen ist. Mit etwas Leim auf den Stoßflächen bauen Sie nun die Abgasrohre des Lastwagens ein. Bohren Sie mit einem 8 mm-Bohrer durch den unteren Stab schräg nach vorne in das Fahrerhaus. Durch diese Öffnung treiben Sie ein passendes Stück Dübelstange soweit ein, dass es an der Außenwand des Fahrerhauses ansteht. Geben Sie nun rundum Leim auf die Dübelstange und schlagen diese dann mit dem Holzhammer bündig ein. Die Verstrebung gibt den Auspuffrohren zusätzlichen Halt.

Aus Rundholz (3 cm ø) werden die Luftfilter (23) auf Maß zugeschnitten und mit Bohrungen (8 mm ø) für die Dübelstangen versehen. Mit einem durch diese Löcher gesteckten Nagel wird die Lage der zugehörenden Bohrungen in den Seitenwänden des Trucks ermittelt. Schneiden Sie von der Dübelstange vier passende Stücke ab, leimen Sie diese bündig in die Luftfilter und dann in die Seitenwände ein.

Der Anbau der Räder beginnt mit den großen Vorderrädern. Übertragen Sie die Lage der Radachsen mit Bleistift auf das Holz. Für den Gewindeteil der Schraube wird vorgebohrt. Der Durchmesser des Bohrers darf höchstens dem Kerndurchmesser des Gewindes entsprechen. Stecken Sie eine Senkkopfschraube (6 x 80 mm) durch die Vorderräder, schieben Sie eine Unterlegscheibe auf und drehen Sie die Schraube soweit ein, dass noch etwas Spiel zum Drehen der Räder verbleibt. Bei den verwendeten Schrauben sollte das Gewinde nicht bis zum Kopf reichen, damit sich die Radachsen leichter drehen können und nicht so schnell verschleißen. Ebenso verfahren Sie mit einem der hinteren Räder der Zugmaschine, die nun etwas wacklig auf drei Rädern steht. Stellen Sie das Fahrzeug waagerecht auf eine ebene Fläche, stecken Sie einen Nagel oder

Vorstecher durch die Nabe eines weiteren Hinterrades und markieren Sie an der entsprechenden Stelle der Zugmaschine den Radmittelpunkt. Dort befestigen Sie das Rad. Auf gleiche Weise werden die beiden mittleren Räder angebracht. Abschließend sägen Sie die Einzelteile für die vordere Radabdeckung (Seite 27) zu. Geben Sie hierbei etwas Zugabe in der Länge und passen Sie die Teile bei der Montage ein.

Auflieger

Mit der Fertigstellung der Zugmaschine haben Sie den größten Teil der Arbeit bereits geschafft. Für den Auflieger schneiden Sie die Seitenwände und den Boden zu. Für die Breiten der verwendeten Bretter wurden gängige Formate der im Handel erhältlichen Leimholzbretter gewählt. Weichholzbretter (Kiefer, Fichte) sind jedoch in der Regel an allen Kanten mit einer Fase versehen. Werden diese Kanten zu einer Ecke aneinandergefügt, entsteht eine Fuge. Um dies zu vermeiden, können Sie die Bretter einige Millimeter abschneiden und die Maße der Konstruktionszeichnung anpassen.

Dübeln Sie zuerst die Seitenwände (25) auf die Bodenplatte (24) und legen Sie beim Anziehen der Schraubzwingen an der Oberseite ein passendes Holzstück ein, um ein Einknicken der Seitenwände zu vermeiden. Befestigen Sie anschließend die Vorder- und Rückseite (26) des Anhängers, wiederum mit Leim und Holzdübeln. Zur Herstellung der Zapfenaufnahme (28) sägen Sie zwei Holzstücke (1,8 cm dick) mit etwas Übermaß aus. Leimen Sie beide zusammen und schneiden Sie die Platte auf das Endmaß (6 x 6 cm) zu. Nachdem die Platte auf die Unterseite der Bodenplatte geleimt wurde, bohren Sie mit einem Forstnerbohrer (3 cm ø) mit einer Tiefe von 3,6 cm ein Loch für den Drehzapfen. Schneiden Sie den Drehzapfen (29) zu und leimen Sie ihn ein. Bearbeiten Sie den vorstehenden Teil des Zapfens mit Schleifpapier, so dass er sich leicht in die Gegenbohrung in der Zugmaschine einführen und drehen lässt. Nachdem auch die Radhalterungen (27) mit je vier Holzdübeln befestigt wurden, können Sie das hintere Radpaar montieren. Bevor sie das vordere Radpaar anbringen, hängen Sie den Auflieger an das Zugfahrzeug an und stellen Sie beide auf eine ebene Fläche.

Die Position der Radnaben markieren Sie mit einem Nagel oder Vorstecher. Bohren Sie die Schraubenlöcher und befestigen Sie die Räder. Mit dem Verleimen der Stoßstange (30) sind die konstruktiven Arbeiten am Auflieger abgeschlossen. Schleifen Sie nun alle Bauteile des Lastwagens. Besonders gut kommen die Formen zur Geltung, wenn alle Kanten sorgfältig abgerundet und die Oberflächen mit Holzwachs behandelt wurden. Dies ist jedoch auf Dauer nicht wetterbeständig. Für eine Verwendung im Freien muss Ihr Werk durch einen Lackanstrich geschützt werden, zudem müssen Sie beim Bau einen wasserfesten Leim benutzen.

Um das Gefährt in Fahrt zu bekommen, ist es notwendig, an der Zugöse (33) ein Seil oder besser eine Deichsel anzubringen. Einzelheiten dazu können Sie der Baubeschreibung „Bollerwagen“ entnehmen.

Zapfen des Aufliegers

Spielzeugkiste mit Deckel

Für den Zuschnitt des Bodens (1) und der Seitenwände (4) verwenden Sie am besten eine Kreissäge, um die langen Schnitte sauber und rechtwinklig ausführen zu können. Schneiden Sie diese Teile am eingestellten Längsanschlag entlang auf Breite und später auf Länge. Auf diese Weise wird die Passgenauigkeit der Teile zueinander gewährleistet.

An den Seitenwänden werden Löcher (7 mm ø) zur Durchführung der Seilschlaufen angerissen und gebohrt. Wenn Sie dies in beiden Seitenwänden in einem Arbeitsgang durchführen wollen, ist es ratsam, einen Bohrständer zu benutzen, damit die Bohrung rechtwinklig bleibt. In die Stirnseiten des Bodens sind je drei Löcher für Holzdübel (8 mm ø) zu bohren, die Längsseiten erhalten jeweils vier Dübellöcher. Bei diesen Bohrungen können Sie keinen Bohrständer verwenden. Spannen Sie das Brett daher gut ein und achten Sie darauf, dass der Bohrer im rechten Winkel in das Holz eintritt. Die Tiefe der Bohrungen begrenzen Sie mit einem auf den Bohrer montierten Tiefenstopper.

Bohren Sie anschließend die zugehörenden Dübellöcher in die Seitenwände. Um ihre Lage festzustellen, stecken Sie Dübelmarker in die Bohrungen an den Stirnseiten der Bodenplatte. Befestigen Sie die Platte auf der Arbeitsfläche mit einer Zwinge, stellen Sie die Seitenwand an die Stirnseite der Bodenplatte (ein seitlich angelegtes Hilfsbrett dient als Anschlag). Mit leichten Schlägen des Holzhammers drücken Sie die Dübelmarker in das Holz und körnen so die Bohrungen für die Dübel an. Mit der zweiten Seitenwand verfahren Sie ebenso.
Die so markierten Bohrlöcher erstellen Sie mit Hilfe des Bohrständers. Geben Sie etwas Leim hinein und leimen Sie die Holzdübel ein. Während die Verleimung trocknet, schneiden Sie ein Hilfsbrett zu, das genauso lang wie das Bodenbrett sein muss. Es dient später beim Verleimen der Seitenwände als Distanzholz.
Die Seitenwände mit den eingesetzten Holzdübeln stecken Sie vor dem Verleimen probeweise zusammen. Passen die Teile, kann auf die Kontaktflächen einseitig Holzleim gegeben werden, ebenso in die stirnseitigen Dübellöcher der Bodenplatte. Bei Zusammenbau helfen Sie leicht mit dem Holzhammer nach. Benutzen Sie aber unbedingt ein breites Schlagholz, damit kein Brett entlang der Maserung bricht. Die Verleimung muss mit Schraubzwingen fest verspannt werden. Legen Sie Leistenreste bei, um die Kraft gleichmäßig zu verteilen und um zu verhindern, dass sich die Auflagen der Zwingen in das Werkstück eindrücken. Das zuvor abgelängte Hilfsholz wird oben zwischen den Seitenwänden als Distanzstück eingefügt, damit sich diese unter dem Druck der Zwingen nicht nach innen neigen. Kontrollieren Sie die Lage der Bauteile mit dem Zollstock und einem Winkel.
Während der Leim trocknet, sägen Sie die Griffmulde in der Vorderwand (2) mit der Stichsäge aus. Schleifen Sie die Rundungen besonders sorgfältig, da hier oft Kinderhände zum Öffnen des Deckels hinfassen werden. Nach dem Entfernen der Schraubzwingen erhalten alle Seitenwände jeweils drei seitliche Dübellöcher.
Legen Sie die vormontierte Baugruppe um und stecken Sie Dübelmarker in die obenliegenden Bohrungen. Die Vorderwand wird aufgelegt und ausgerichtet, dann fixieren Sie die Lage der Dübellöcher in diesem Bauteil. Bohren Sie die Dübellöcher, leimen Sie die Dübel ein. Bauen Sie die Vorderwand mit Boden und Seitenwänden zusammen. Mit der Rückwand (3) ist ebenso zu verfahren. Die Teile müssen so verspannt werden, dass alle Kontaktflächen plan aufliegen. Die Höhe des Anpressdruckes ist für die Festigkeit der Verleimung entscheidend.
Um die Spielzeugkiste im Kinderzimmer beweglich zu machen, werden unter den Boden lenkbare Laufrollen montiert. Überlegen Sie vor dem Kauf, auf welchem Boden die Kiste bewegt wird. Für Teppichboden benötigen Sie eher harte Rollen, für Parkett sind weiche Rollen besser geeignet. Stellen Sie die Kiste auf die Rollen, nachdem alle Schrauben angezogen sind.
Vor dem Anbringen der Seilschlaufen muss jeweils ein Ende der Seilstücke mit einem Knoten versehen werden. Anschließend führen Sie die Seile durch die Bohrungen in den Seitenwänden und verknoten auch die zweiten Seilenden.
Auf die Unterseite des Deckels (5) werden Versteifungen (6) aufgeleimt. Sie sind

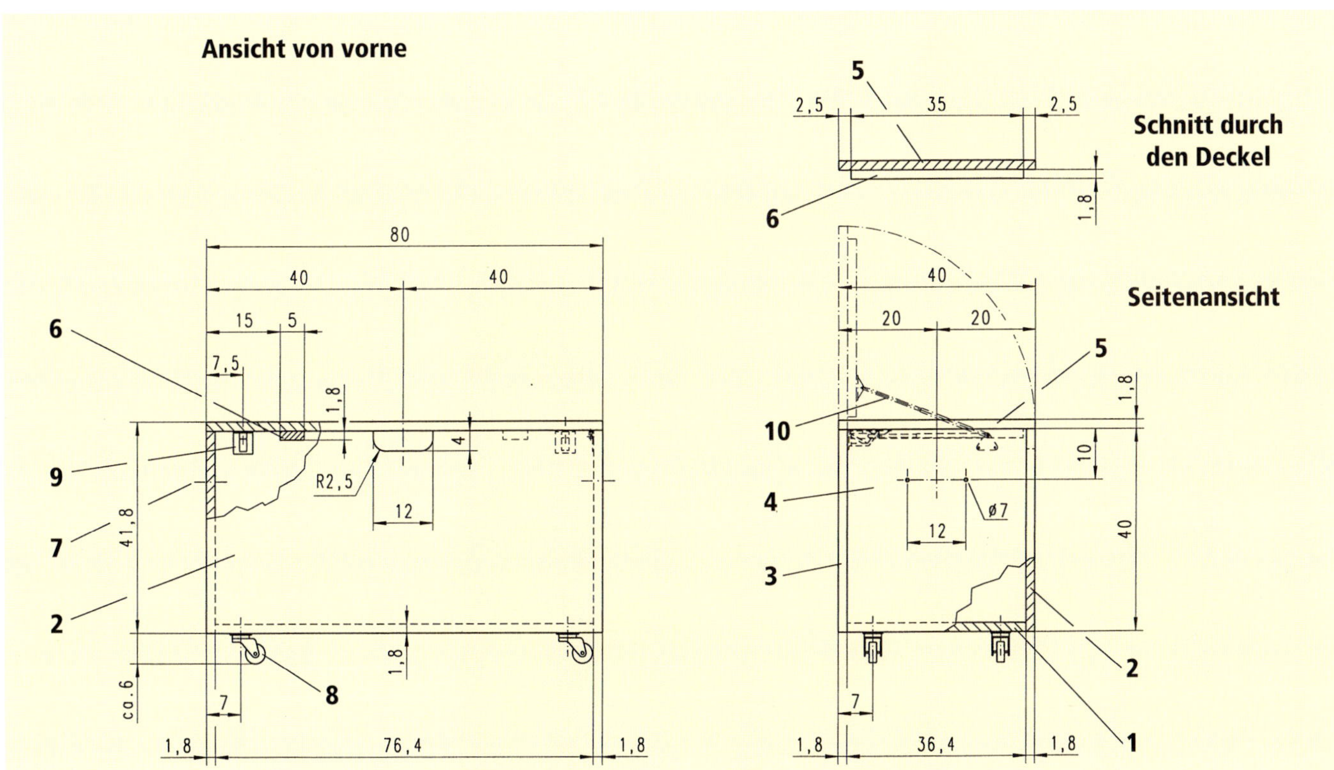

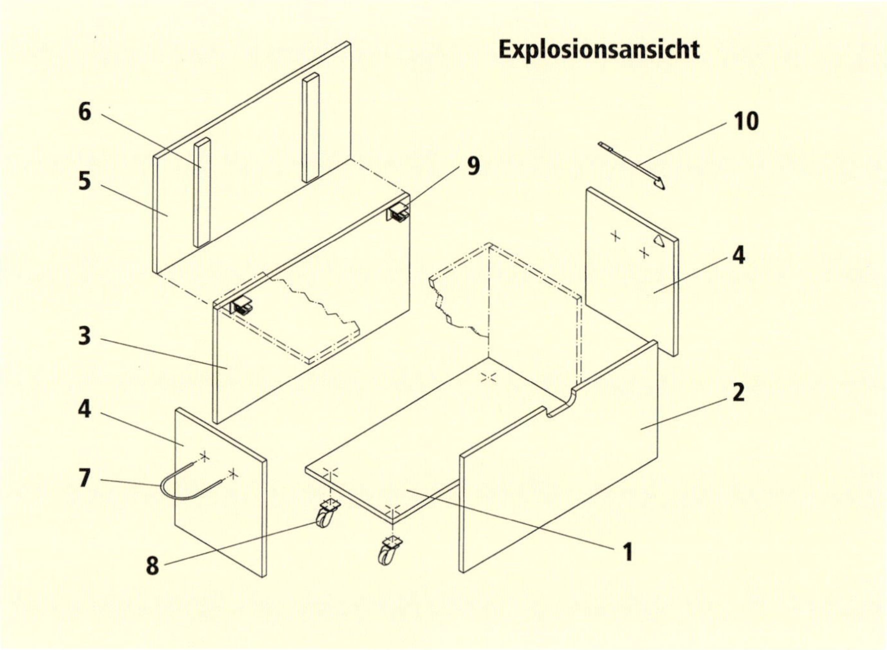

Oben: Beim Zusammenleimen der Seitenwände mit dem Boden sorgt ein Distanzholz dafür, dass die Verbindung im rechten Winkel bleibt.

Mitte: Mit Lenkrollen wird die Spielzeugkiste beweglich.

Unten: Alle Teile müssen so zusammengespannt werden, dass zwischen den Kontaktflächen kein Zwischenraum mehr bleibt.

notwendig, da Leimholz stark auf Luftfeuchtigkeit reagiert. Der Deckel würde sich ohne Verstärkungen in kurzer Zeit wölben.

Für die Befestigung des Deckels können Sie im Sortiment der Baumärkte unter einer Vielzahl von Scharnieren wählen. Für diese Spielzeugkiste werden Aufschraubscharniere mit Feder (9) verwendet. Die Feder unterstützt das Öffnen des Deckels und hält den geöffneten Deckel in der senkrechten Position. Die Scharniere sind zuerst an der Innenseite der Rückwand mit Langlöchern grob einzurichten, später folgt, ebenfalls über Langlöcher, der Anbau des senkrecht aufgestellten Deckels. Damit der Deckel später etwas Spielraum hat, legen Sie beim Anschrauben der Scharniere einen dünnen Kartonstreifen zwischen Deckel und Rückwand. Abschließend ziehen Sie alle Schrauben fest. Zum kontrollierten Schließen des Deckels bauen Sie als letztes Bauteil eine Klappenbremse (10) ein, die beim Schließen bremst. Die Bremswirkung lässt sich über eine Schraube anpassen. Nach der Befestigung an einer der Innenseiten der Seitenwände wird die Position des oberen Befestigungsteiles am geöffneten Deckel festgelegt und dieses dort angeschraubt. Zuletzt ist noch die Bremskraft einzustellen.

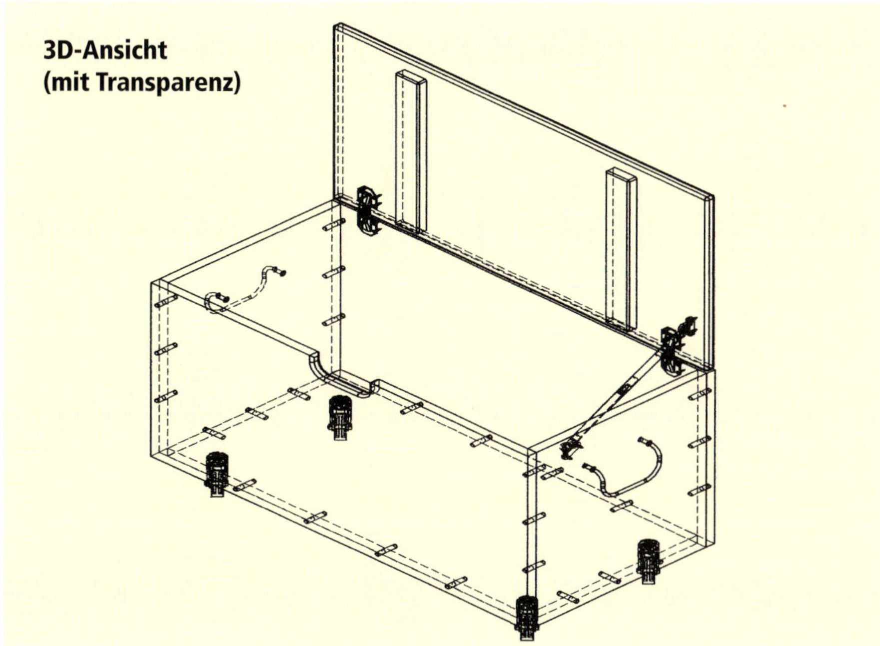

Die Kiste ist damit fertig und kann geschliffen und abschließend gestrichen werden. Sollten Sie die Oberfläche mit Wachs behandeln, beachten Sie, dass auf die Stange der Klappenbremse kein Wachs kommen darf. Dies würde die Bremswirkung stark vermindern.
Die Oberfläche des Deckels kann als Tisch zum Spielen benutzt werden. Mit einem Polster versehen, wird aus der Kiste ein Hocker im Kinderzimmer.

Spielzeugkiste mit Deckel

Pos.	Stck.	Benennung/Abmessungen	Werkstoff	Bauteil
1	1	36,4 x 1,8 x 76,4 cm	Leimholz / Fichte	Boden
2	1	40 x 1,8 x 80 cm	Leimholz / Fichte	Vorderwand
3	1	40 x 1,8 x 80 cm	Leimholz / Fichte	Rückwand
4	2	36,4 x 1,8 x 40 cm	Leimholz / Fichte	Seitenwände
5	1	40 x 1,8 x 80 cm	Leimholz / Fichte	Deckel
6	2	5 x 1,8 x 35 cm	Leimholz / Fichte	Versteifung für Deckel
7	2	Seil, 6 mm ø, 40 cm lang	Hanf	Seilgriff
8	4	Lenkrollen	Stahl	
9	2	Aufschraubscharnier, mit Feder (Feder sichert den geöffneten Deckel)	Stahl	
10	1	Klappenbremse (Bremswirkung beim Schließen)	Stahl	
11	26	Holzdübel 8 mm ø	Hartholz	
12	36	Holzschraube, Senkkopf ø 3,5 x 16 (f. Anbauteile)	verzinkt	

Oben links: Seilschlaufen dienen als Griff.

Oben rechts : Die Schlaufen werden auf der Innenseite durch Knoten gesichert.

Unten: Zur Befestigung des Deckels werden Aufschraubscharniere mit Feder montiert.

Schaukelpferd

Kufen

Als Material für die Kufen (1) wurde Leimholz aus Fichte gewählt, da es sich leicht bearbeiten lässt. Sollten Sie besonderen Wert darauf legen, dass die Kufen sich nicht abnutzen, können Sie hierfür auch Hartholz verwenden.
Die Kufenform wird nacheinander auf Leimholzbretter von je 20 cm Breite aufgezeichnet. Reißen Sie auf jedem Brett im rechten Winkel zur vorderen Längskante die Mittellinie an. Spannen Sie das Brett auf einer ebenen Fläche fest. Nach hinten müssen Sie einen Freiraum von mindestens 105 cm haben, gemessen ab der Vorderkante. Verlängern Sie die Mittellinie des Brettes um diesen Wert. Um die gleiche Ebene zu erhalten, ist es von Vorteil, einen entsprechend langen Holzrest anzulegen und auch diesen festzuspannen.
Legen Sie auf dem Holzrest den Mittelpunkt der Kreisbogen für die obere und untere Begrenzung der Kufen fest. Zum Aufzeichnen der Kreislinien gibt es zwei einfache Methoden:
Bohren Sie in eine ausreichend lange Holzleiste je ein kleines Loch für den Kreismittelpunkt, den Radius für die Unterseite der Kufe (105 cm) und den Radius für die Oberseite (99 cm). Der Kreismittelpunkt liegt außerhalb des zuzuschneidenden Leimholzbrettes. Benutzen Sie einen passenden Holzrest, um den Nagel

für den Kreismittelpunkt fixieren zu können.
Durch die Bohrungen für die Radien stecken Sie einen Bleistift oder ebenfalls einen Nagel und reißen so auf dem Leimholzbrett die beiden Kreisbogen an.
Eine andere Möglichkeit ist die Verwendung eines Schnur-Zirkels. Hierzu legen Sie auf einem passenden Holzrest den Kreismittelpunkt fest, schlagen einen Nagel ein und befestigen daran eine Schnur. Messen Sie an der Schnur den Radius ab und befestigen Sie auch dort einen Nagel oder einen Bleistift. Nun ziehen Sie einen Kreisbogen, wobei Sie darauf achten müssen, dass die Schnur immer gleich straff gespannt bleibt. Für den nächsten Kreisbogen messen Sie neu.
Um ein Überschaukeln zu verhindern, sind die Enden der Kufen mit Rundungen versehen. Diese zeichnen Sie mit einem Zirkel oder einem passenden runden Gegenstand auf. Schneiden Sie die Kufen entlang der Risslinien mit der Stichsäge aus.
Achten Sie beim Zuschnitt darauf, dass der Schnitt immer im rechten Winkel zur Oberfläche des Werkstückes bleibt.
Die ausgeschnittenen Kufen legen Sie plan aufeinander. Sie werden mit zwei Schraubzwingen zusammengehalten und mit den Laufflächen nach oben in einen Schraubstock gespannt (Schutzbacken nicht vergessen).
Mit Handhobel und Schwingschleifer werden die Kufenflächen so lange bearbeitet, bis sie absolut deckungsgleich sind. Ebenso werden anschließend die gegenüberliegenden Seiten der Kufen behandelt. Zur Profilierung der Kanten verwen-

Schaukelpferd				
Pos.	Stck.	Benennung/ Abmessungen	Werkstoff	Bauteil
1	2	19,6 x 1,8 x 100 cm	Leimholz / Fichte	Kufen
2	2	3,5 x 5 x 40 cm	Fichte, massiv	Querträger
3	1	30 x 1,8 x 57 cm	Leimholz / Fichte	Kopfteil
4	1	26 x 1,8 x 38 cm	Leimholz / Fichte	Sitzfläche
5	2	15 x 1,8 x 23 cm	Leimholz / Fichte	Hinterbeine
6	1	7 x 1,8 x 19 cm	Leimholz / Fichte	Sitzstrebe
7	1	7 x 1,8 x 19 cm	Leimholz / Fichte	Rückenlehne
8	2	Rundstab 2,8 ø x 25 cm	Buche	Handgriff / Fußstütze
9	1	Rundstab 2,8 ø x 1,8 cm	Buche	Auge
10	3	Holzdübel 6 mm ø	Hartholz	
11	20	Holzdübel 8 mm ø	Hartholz	
12	1	Dübelstange 8 mm ø	Hartholz	

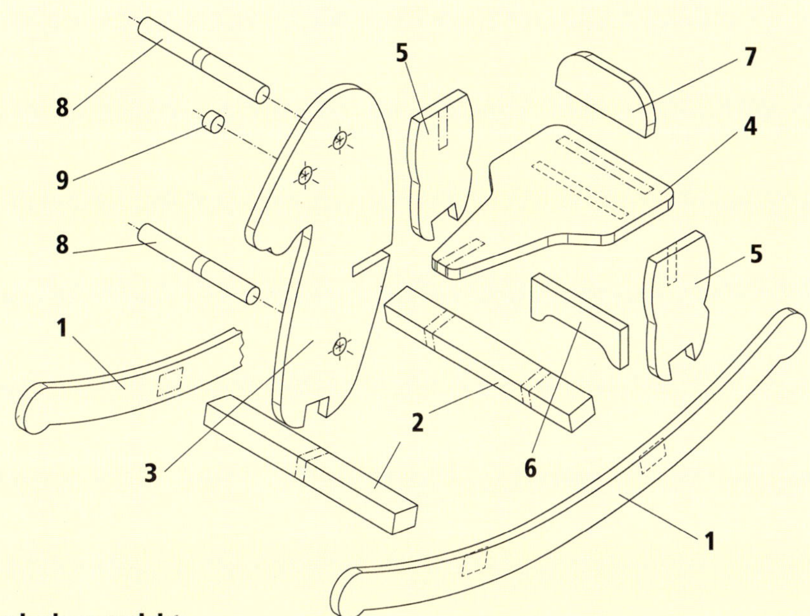

Explosionsansicht

Seitenansicht mit Dübel-Details
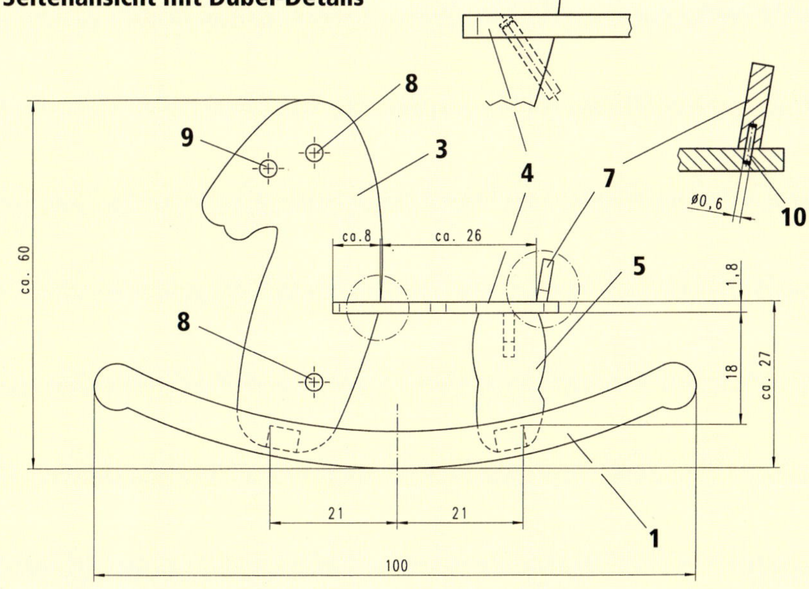

Oben: Zum Profilieren der Kufenkanten kann eine Bohrmaschine mit Walzenfräser verwendet werden.

den Sie eine Oberfräse mit Anlauffräser oder eine in den Ständer eingespannte Bohrmaschine mit Walzenfräser.
Bohren Sie in die Stirnseiten der Querträger (2) je zwei Löcher für Holzdübel (8 mm ø). Auf den Schaukelkufen zeichnen Sie die Lage der Querträger an (siehe Zeichnung Seite 39). Kennzeichnen Sie die Position der Bauteile zueinander mit einem weichen Bleistift. In die Bohrungen stecken Sie Dübelmarker. Legen Sie die Querträger nacheinander an die Kufen an und drücken Sie die Spitzen der Dübelmarker in das Holz. Die so fixierten Löcher in den Kufen bohren Sie mit dem Bohrständer. Leimen Sie Holzdübel ein und bauen Sie Kufen und Querträger zusammen. Falls es notwendig ist, helfen Sie mit leichten Schlägen des Holzhammers nach. Verwenden Sie aber ein Schlagholz, um Schäden zu vermeiden.
Verspannen sie die Teile mit Schraubzwingen (Kufen durch Holzreste schützen). Austretender Holzleim wird sofort mit einem feuchten Tuch weggewischt, damit keine Flecken im Holz bleiben.

Aufbau

Zeichnen Sie die Umrisse des Kopfteils (3), der Hinterbeine (5), des Sitzes (4) und der Sitzstrebe auf Leimholz auf. Für Kopf und Hinterbeine verwenden Sie die Rasterdarstellung (Seite 40) bzw. eine entsprechend vergrößerte Fotokopie derselben. Sägen Sie alle Teile aus. Die Kanten behandeln Sie ebenso wie die der Schaukelkufen. Die Bohrungen (2,8 cm ø) für das Auge sowie für die Handgriffe und Fußstützen im Kopfteil erstellen Sie mit einem Forstnerbohrer auf dem Bohrständer. Ehe Sie die Aussparungen für die Querträger am Kopfteil und an den Hinterbeinen aussägen, überprüfen Sie mit einer Schablone aus Pappe, ob die Maße der Zeichnung auch mit Ihrer Konstruktion übereinstimmen.
Die Ecken der Aussparungen im Kopfteil und in den Hinterbeinen müssen vor dem Aussägen stets mit einem kleinen Durchmesser ausgebohrt werden. Zum einen

Mitte links: Die Lage der Querträger wird auf den Kufen markiert, dann werden die Dübellöcher gebohrt.

Unten links: Der Ausschnitt für die Sitzfläche im Kopfteil wird mit der Stichsäge hergestellt.

Unten rechts: Fußstützen, Handgriffe und Auge des Schaukelpferdes werden aus Rundstäben gesägt und eingeleimt.

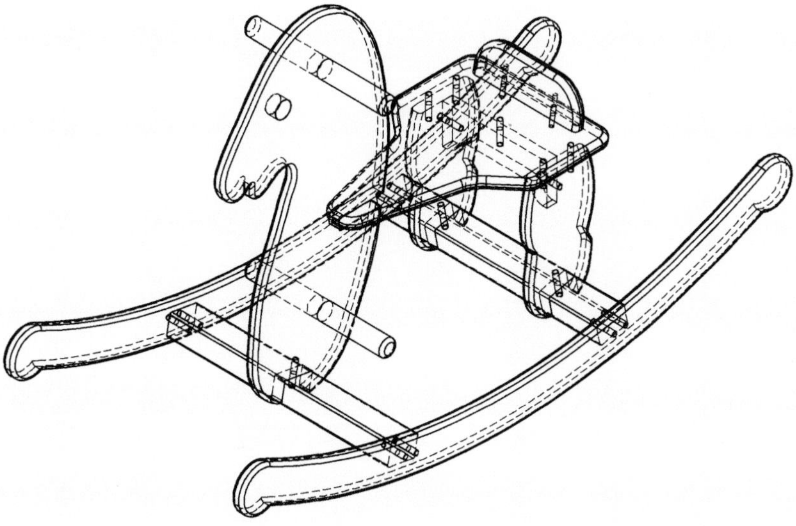

3D-Ansicht (mit Transparenz)

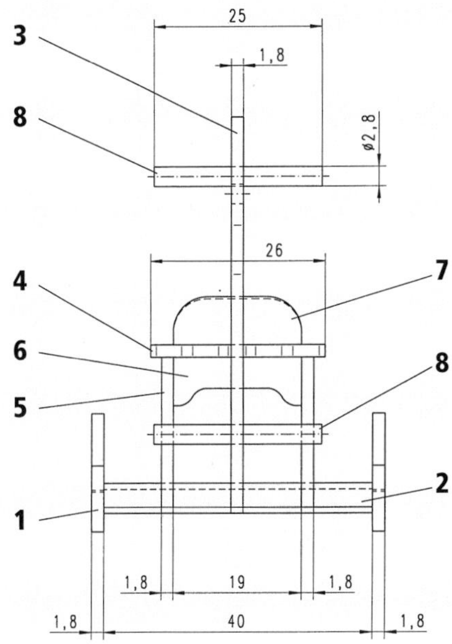

Ansicht von vorne

kann dann mit dem Sägeblatt der Stichsäge genauer gearbeitet werden. Wichtiger ist jedoch, dass sich die Kerbwirkung in den Ecken und damit die Gefahr eines Materialbruches bei Belastung deutlich verringert.

Zeichnen Sie auf dem vorderen Querträger des Schaukelgestells die Lage des Kopfteils an. In der zugehörenden Aussparung des Kopfteils ist ein Loch (8 mm ø) für einen Holzdübel zu bohren. Markieren Sie mit einem Dübelmarker die Lage der Gegenbohrung auf dem vorderen Querträger und bohren dieses Loch (8 mm ø). Danach stecken Sie das Kopfteil probeweise mit einem Holzdübel mit dem vorderen Querträger zusammen.

Beim fertigen Schaukelpferd muss die Sitzfläche waagerecht liegen, ebenso das Schaukelgestell. Dies muss beim Zuschnitt der Hinterbeine bedacht werden, damit alle Stoßflächen plan aufliegen.

Zur Bestimmung des Ausschnitts an den Hinterbeinen legen Sie die Hinterbeine und alle Teile des Sitzes auf den hinteren Querträger, um in etwa die spätere Gewichtsverteilung zu simulieren. Mit einer Wasserwaage zeichnen Sie die Horizontale für die Sitzfläche auf der Oberkante der Hinterbeine an. Nun kann die exakte

Einzelteile

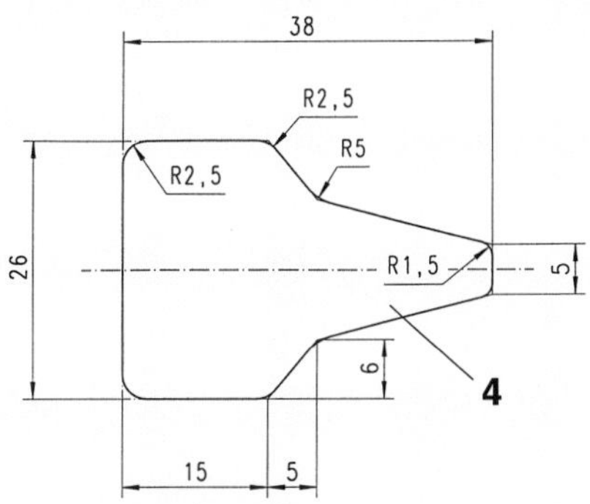

Sitzfläche

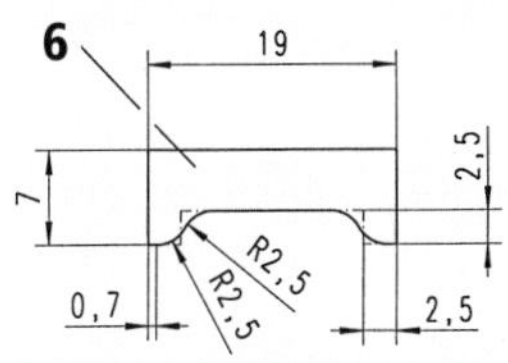

Sitzstrebe

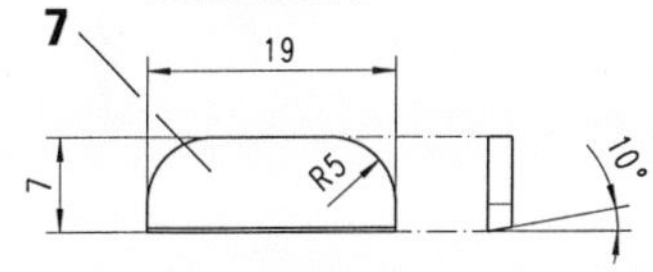

Rückenlehne

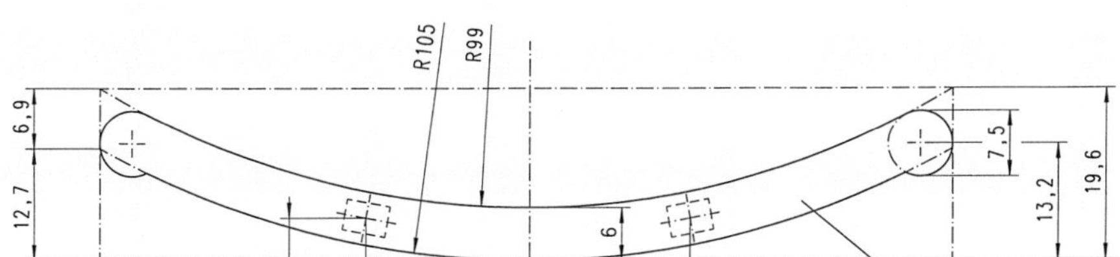

Kufen

Rasterdarstellung für Kopf und Hinterbeine

Übertragung aufs Holz durch Setzen von Rasterpunkten oder mittels vergrößerter Fotokopie

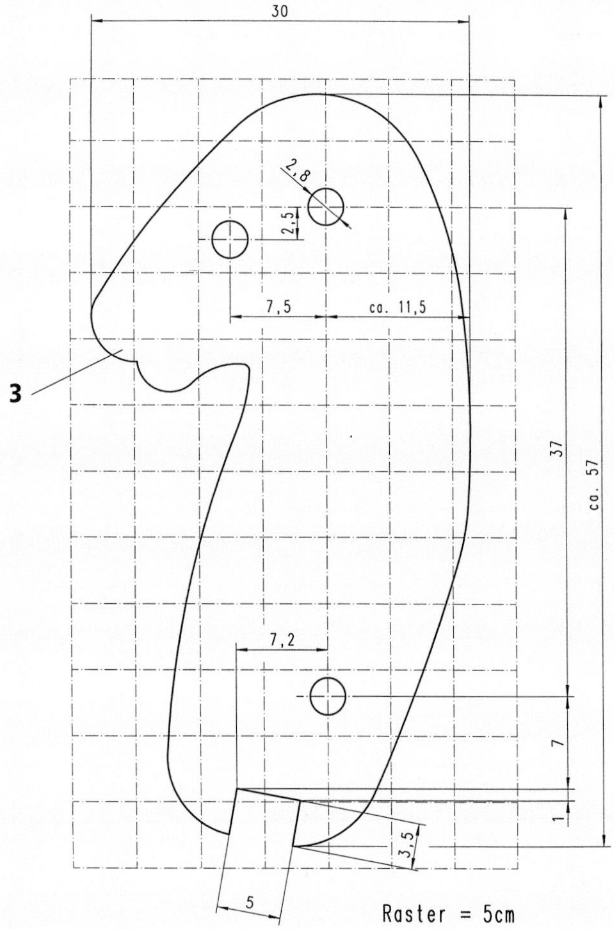

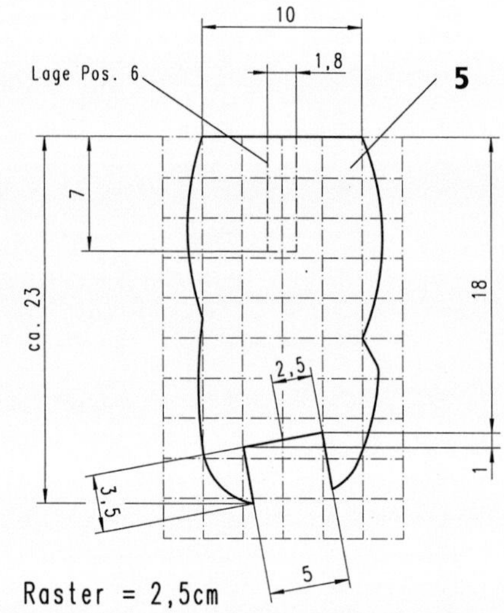

Lage des Ausschnitts für den Querträger in den Hinterbeinen ermittelt werden. Ebenso ist die Position der Sitzfläche im Kopfteil zu prüfen.
Zeichnen sie auf der Unterseite der Sitzfläche die Lage der Hinterbeine und der Sitzstrebe (6) auf. Alle Teile werden mit je zwei Dübeln (8 mm ø) mit der Sitzfläche verbunden. Bohren Sie die entsprechenden Dübellöcher und leimen Sie diese Teile zusammen. Die Sitzstrebe wird stumpf mit den Hinterbeinen verleimt. Verspannen Sie die Baugruppe gut mit Schraubzwingen, wobei Sie in die Aussparungen im unteren Teil der Hinterbeine ein Restholz als Widerlager legen. Die Schräge gleichen Sie mit einem Futterholz aus.
Die fertige Baugruppe stecken Sie nach dem Aushärten des Leims auf den hinteren Querträger, seitlich etwas versetzt, und zeichnen am Kopfteil die Lage des Ausschnittes für die Sitzfläche an. Sägen Sie den Ausschnitt mit der Stichsäge aus, dann stecken Sie alle Teile probeweise zusammen. Jetzt legen Sie die Position der Hinterbeine auf dem hinteren Querträger fest. Sie werden ebenso wie das Kopfteil jeweils mit einem Dübel aufgesteckt. Wenn alles genau passt, können Sie die Teile untereinander und mit dem Schaukelgestell verleimen.
Zur Versteifung der Verbindung der Sitzfläche mit dem Kopf bohren Sie schräg von unten durch Hals und Sitzfläche ein Loch mit 8 mm Durchmesser (siehe Detailzeichnung Seite 37). Geben Sie Holzleim in die Bohrung und treiben Sie mit dem Holzhammer ein Stück Dübelstange hinein. Das überstehende Stück wird mit der Feinsäge plan abgeschnitten.
In den Kopf des Schaukelpferdes können jetzt die Handgriffe und Fußstützen sowie das Auge eingebaut werden. Kürzen Sie die Abschnitte des Rundstabes auf das angegebene Endmaß, und zeichnen Sie auf den Griffen und Fußstützen die Mitte ein. Zum Einbau tragen Sie auf die Mitte rundum Leim auf, so dass dieser sich beim Einschieben gleichmäßig im Bohrloch verteilt. Drehen Sie die Stäbe in der Endlage etwas in der Bohrung, und lassen Sie dann die Verleimung aushärten.
Als letztes Bauteil muss noch die Rückenlehne (7) zugeschnitten und montiert werden. Für die Neigung schrägen Sie zunächst die Unterseite mit dem schräggestellten Sägeblatt der Kreissäge ab. Nachdem das Teil fertig ausgesägt und verschliffen ist, bringen Sie die Bohrungen für die Holzdübel (6 mm ø) an. Dann verleimen Sie die Rückenlehne mit der Sitzfläche.
Nach dem vollständigen Aushärten aller Verleimungen kann die Oberfläche des Schaukelpferdes geschliffen und gestrichen werden. Besonders schön kommen die Maserung und die verschiedene Färbung der verwendeten Hölzer durch die Behandlung mit Holzwachs zur Geltung.

Puppenbett

Für jede Puppenmutter unverzichtbar ist ein Bettchen für die Lieblingspuppe. Dieses Möbelstück zählt zu den Klassikern im Kinderzimmer. Das aus massivem Holz gefertigte Bett ist in den Abmessungen so gewählt, dass auch etwas größere Puppen hineinpassen.
Der Bau des Puppenbettes beginnt mit der Herstellung der beiden Sprossengitter. Kürzen Sie die Rundhölzer (5) mit einer Feinsäge und einer Schneidlade auf das angegebene Endmaß. Kontrollieren Sie danach, ob alle Teile gleich lang sind. Dies ist wichtig für die Maßhaltigkeit der Sprossengitter.
Sägen Sie die Leisten (4) zu. Um die Lage der Bohrungen (14 mm ø) zu markieren, legen Sie die vier Leisten nebeneinander. Sie werden mit zwei Schraubzwingen zusammengespannt. Zeichnen Sie auf den beiden äußeren Leisten die Bohrpunkte auf, dann übertragen Sie die Markierungen auf die übrigen Leisten, indem Sie einen Zimmermannswinkel anlegen.
Die Löcher für die Stäbe bohren Sie auf einem Bohrständer. So können alle Bohrungen im rechten Winkel und mit gleicher Tiefe angefertigt werden. In das Stirnholz der Leisten bohren Sie anschließend je ein Loch für einen Holzdübel (8 mm ø).
Verleimen Sie die Leisten mit den Sprossenstäben. Bis zum Aushärten der Verleimung müssen diese Sprossengitter fest mit Schraubzwingen verspannt werden. Prüfen Sie dabei die Abmessungen und Winkligkeit dieser Baugruppe.
Übertragen Sie die Abmessungen des Kopf- und Fußteiles (2, 3) auf das Holz und schneiden Sie die Außenkonturen mit der Kreissäge ab. Für die Ausschnitte der Bettfüße und die Abrundung der oberen Ecken verwenden Sie die Stichsäge.
Schneiden Sie den Boden (1) auf Maß. Bohren Sie in die beiden Längsseiten je zwei Löcher (8 mm ø) für Holzdübel.
Die Lage der Dübelbohrungen wird mit

Dübelmarkern auf die unteren Leisten der Sprossengitter übertragen. Dazu legen Sie den Boden plan auf die Werkbank und befestigen ihn mit einer Zwinge. Halten Sie die unteren Leisten der Sprossengitter an die Längsseiten des Bodens und drücken die Spitzen der Dübelmarker in das Holz. Bohren Sie die so markierten Dübellöcher auf dem Bohrständer, dann leimen Sie beidseitig die Holzdübel in den Boden ein.

Vor dem Zusammenleimen von Boden und Seitenteilen müssen Sie noch zwei Hilfshölzer absägen, deren Länge genau der Breite des Bodens entsprechen muss. Diese verhindern, dass sich die Oberseiten der Sprossengitter beim Verspannen nach innen wegdrehen können. Geben Sie nun Holzleim auf alle Kontaktflächen, ebenso in die Dübellöcher, fügen Sie den Boden

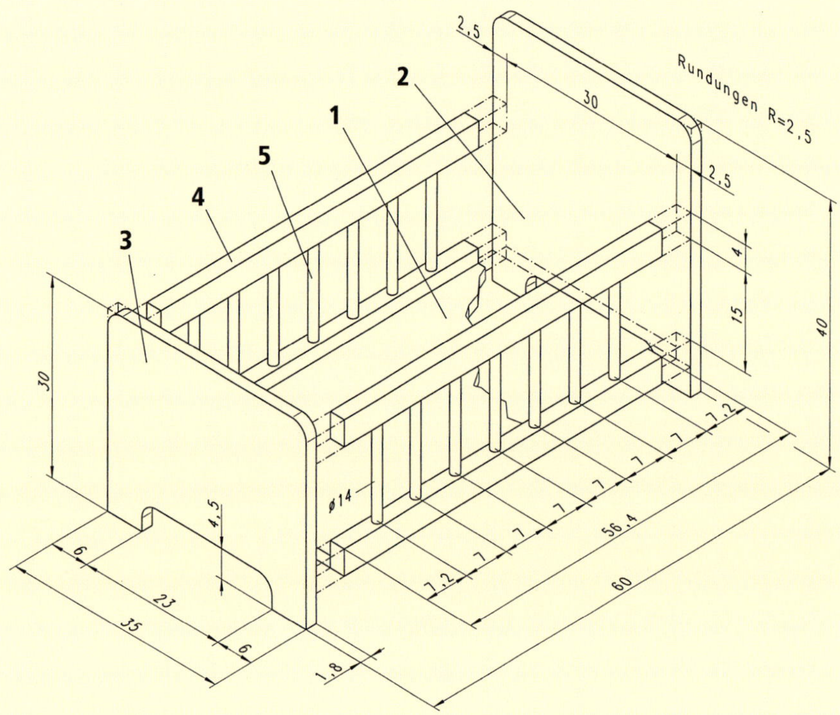

Explosionsansicht

Pos.	Stck.	Benennung/ Abmessungen	Werkstoff	Bauteil
Puppenbett				
1	1	30 x 1,8 x 56,4 cm	Leimholz / Fichte	Boden
2	1	35 x 1,8 x 40 cm	Leimholz / Fichte	Kopfteil
3	1	35 x 1,8 x 30 cm	Leimholz / Fichte	Fußteil
4	4	2,5 x 4 x 56,4 cm	Fichte, massiv	Leisten Sprossengitter
5	14	Rundstab 1,4 ø x 18 cm	Kiefer	Gittersprossen
6	12	Holzdübel 8 mm ø	Hartholz	

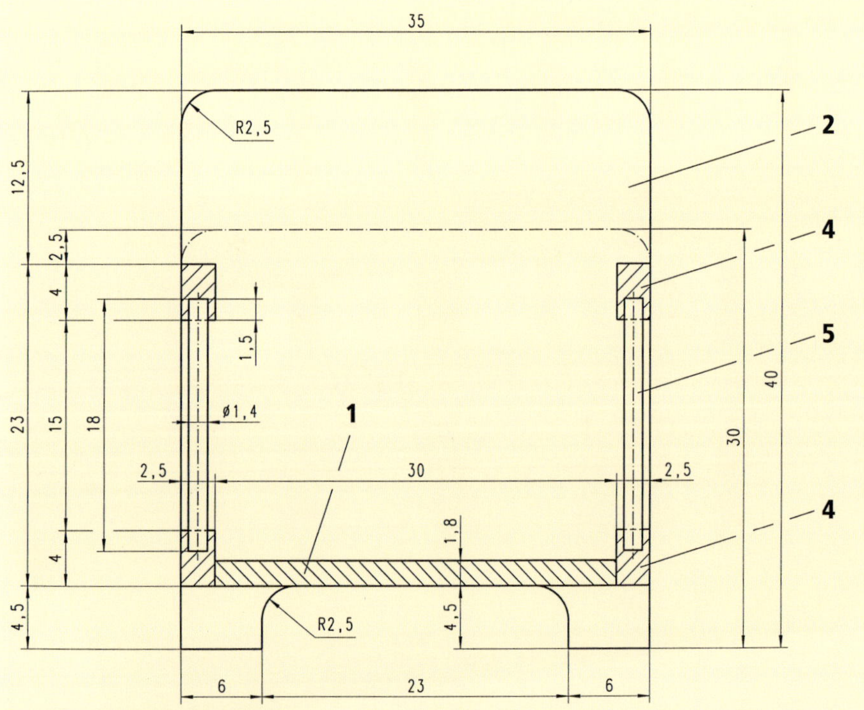

Querschnitt: Blickrichtung zum Kopfende

3D-Ansicht (mit Transparenz)

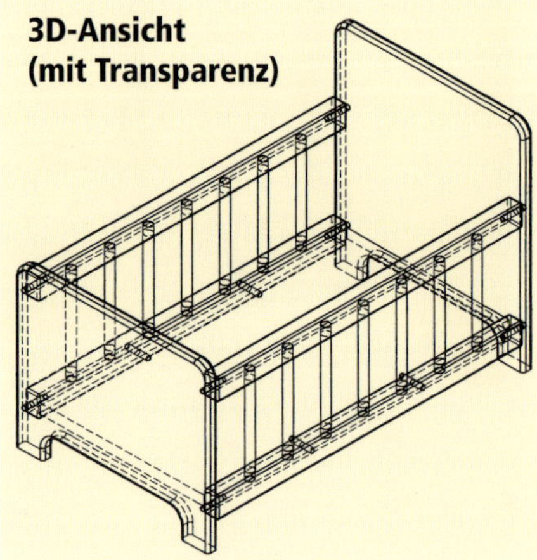

mit den Sprossengittern zusammen und verspannen Sie alles mit Schraubzwingen. Zeichnen Sie auf den Innenseiten des Kopf- und Fußteils die Lage der Kontaktflächen an. Nach dem Ausspannen der zuvor verleimten Baugruppe stecken Sie wiederum Dübelmarker in die Stirnseiten der Leisten, um die Lage der Dübelbohrungen zu markieren. Die Bohrungen erstellen Sie mit dem Bohrständer. Anschließend werden Kopf- und Fußteil mit dem Mittelteil verleimt.

Nach dem Trocknen kann das Puppenbett geschliffen und gestrichen werden. Für einen gesunden Schlaf der Puppenkinder fehlen jetzt nur noch Bettzeug und Matratze.

Links oben: Die Löcher für die Rundstäbe des Sprossengitters bohren Sie »in Serie« mit Hilfe eines Bohrständers.

Rechts oben: Distanzhölzer sorgen beim Zusammenleimen von Boden und Sprossengitter für den nötigen Abstand.

Unten: Beim Verleimen der Bauteile sorgen untergelegte Leistenreste für eine gleichmäßige Verteilung des Anpressdrucks der Zwingen.

Puppenwiege

Ein klassisches Spielzeug, über das sich mit Sicherheit jedes kleine Mädchen freuen wird, ist die Puppenwiege. Unser Modell, dessen Bau nachfolgend Schritt für Schritt beschrieben wird, ist aus massivem Holz gefertigt und wird so manche Puppengeneration schadlos überstehen.

Die schrägen Seitenwände erfordern besondere Sorgfalt beim Bau dieses schönen Kinderspielzeuges. Mit etwas Fleiß und Geschick könnte dieses Spielmöbel bald auch in Ihrem Kinderzimmer stehen.

Bettkasten

Die Arbeiten beginnen mit dem Zuschnitt von Vorder- und Rückwand (1). Vor dem Aussägen müssen die Konturen dieser Teile auf das Holz übertragen werden. Die Abmessungen dieser beiden Bauteile wurden so gewählt, dass sie gemeinsam ohne viel Verschnitt aus einem Leimholzbrett gesägt werden können.
Zeichnen Sie für beide Seiten die Mittellinie (Symmetrieachse) auf. Tragen Sie von dieser Achse aus nach beiden Seiten die Breitenmaße auf, dann übertragen Sie die Längenmaße und zum Schluss die Schrägen.
Zum Anreißen der Kreislinien verwenden Sie einen Zirkel. Falls Sie keinen zur Hand haben, finden Sie für kleinere Radien in Ihrer Werkstatt vielleicht eine Dose oder ein Glas mit passendem Durchmesser. Zeichnen Sie die Konturen einfach mit dem Bleistift nach. Achten Sie bei den Kurvenlinien auf Symmetrie.
Die Außenkonturen der Vorder- und Rückwand sägen Sie mit der Kreissäge aus. Für die geschwungene obere Kante verwenden Sie die Stichsäge. Nach dem Zuschnitt glätten Sie alle Kanten wie auch die aller folgenden Teile mit Schleifpapier und Schleifklotz.
Das Ablängen der Pfosten (4) muss mit etwas Zugabe erfolgen, da die unteren Enden erst beim Zusammenbau auf Maß gesägt werden können. Markieren Sie auf den Innenseiten dieser Teile die Lage der anzuschließenden Vorder- und Rückwände. Hierzu werden die Pfosten nebeneinander gelegt und alle Maße gleichzeitig mit dem Winkel angerissen. Kennzeichnen Sie mit einem weichen Bleistift alle Bauteile, um diese später wieder einander zuordnen zu können. Bohren Sie, wie im Detail dargestellt (siehe Zeichnung Seite 46), in die Seiten der Vorder- und Rückwand je drei Löcher für Holzdübel (8 mm ø). Diese Bohrungen müssen unbedingt im rechten Winkel zu den Seitenflächen verlaufen, um später die Pfosten passgenau montieren zu können. Spannen Sie die zu bohrenden Teile nach Möglichkeit in einen Schraubstock (das Holz mit Schutzbacken schützen).
Mit Dübelmarkern übertragen Sie die Position der Dübelbohrungen auf die

Puppenwiege				
Pos.	**Stck.**	**Benennung/Abmessungen**	**Werkstoff**	**Bauteil**
1	2	30 x 1,8 x 35 cm	Leimholz / Fichte	Vorderwand / Rückwand
2	2	20 x 1,8 x 53,2 cm	Leimholz / Fichte	Seitenwände
3	1	27,2 x 1,8 x 54,8 cm	Leimholz / Fichte	Boden
4	4	3,4 x 3,4 x 43,1 cm	Fichte, massiv	Pfosten
5	2	10,7 x 1,8 x 50 cm	Leimholz / Fichte	Kufen
6	8	Holzdübel 6 mm ø	Hartholz	
7	24	Holzdübel 8 mm ø	Hartholz	

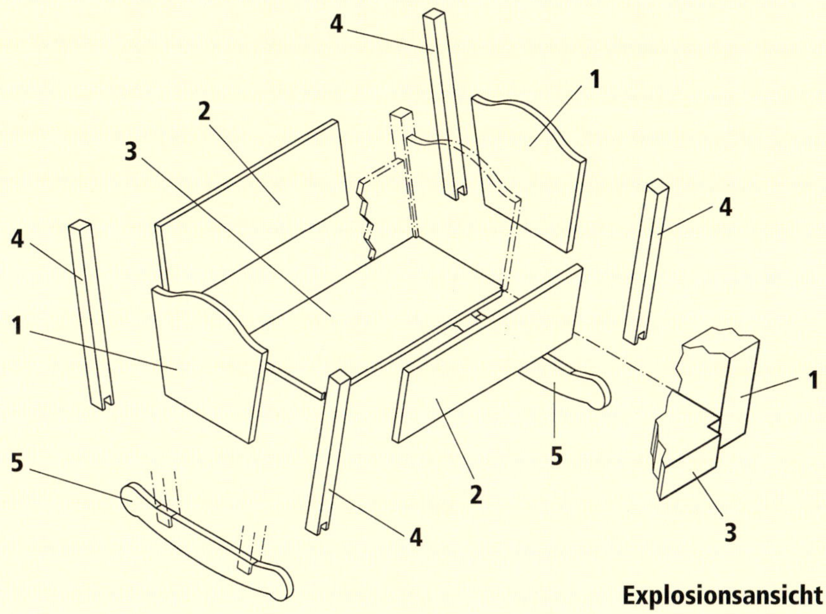

Explosionsansicht

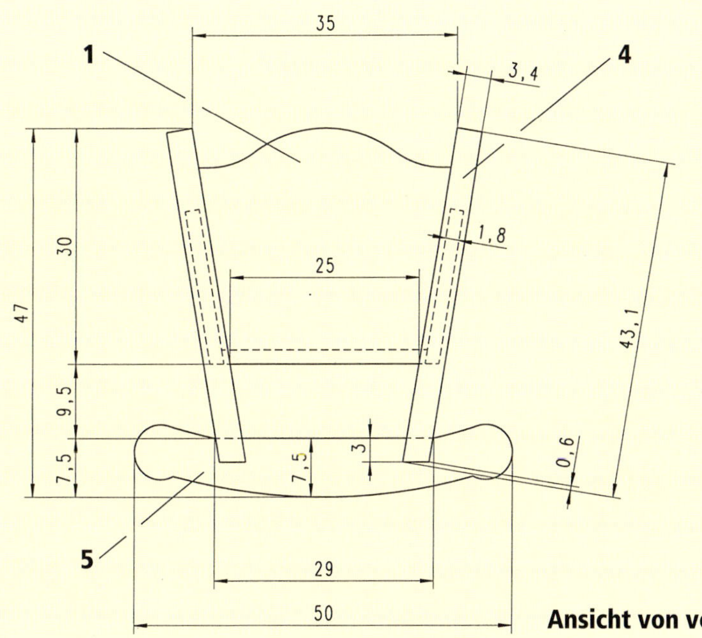

Ansicht von vorne

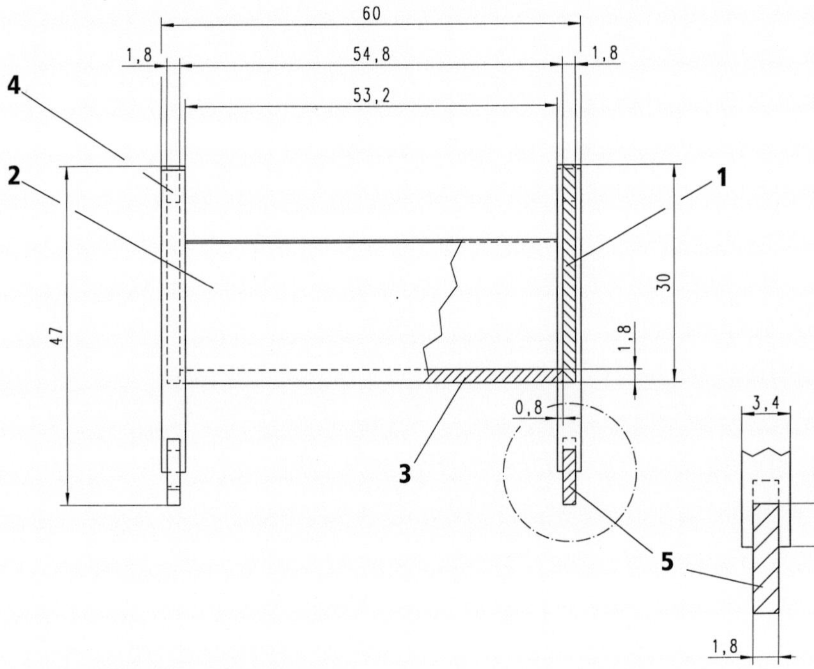

Seitenansicht mit Teilschnitt

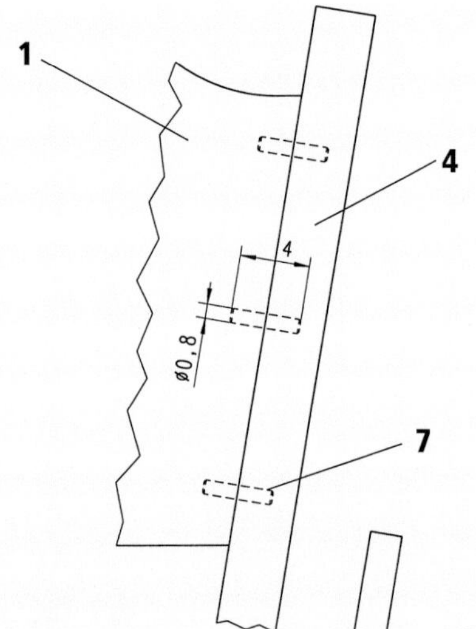

Details zu Dübelverbindungen

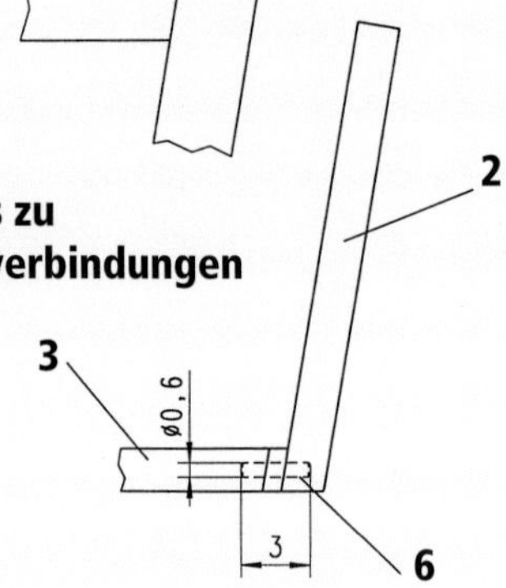

Detail: Verbindung von Seitenwänden und Boden

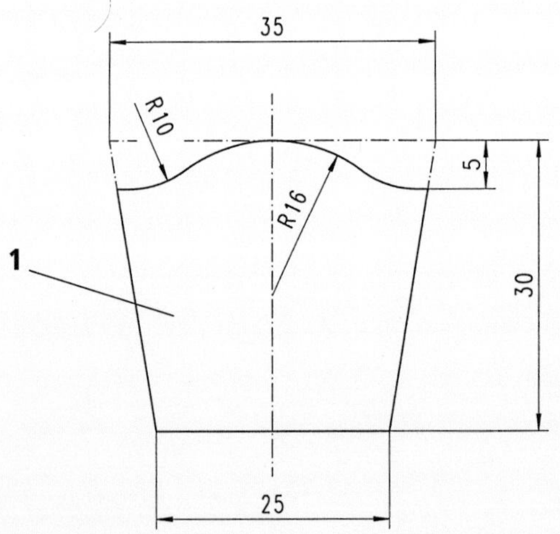

Vorder- und Rückwand

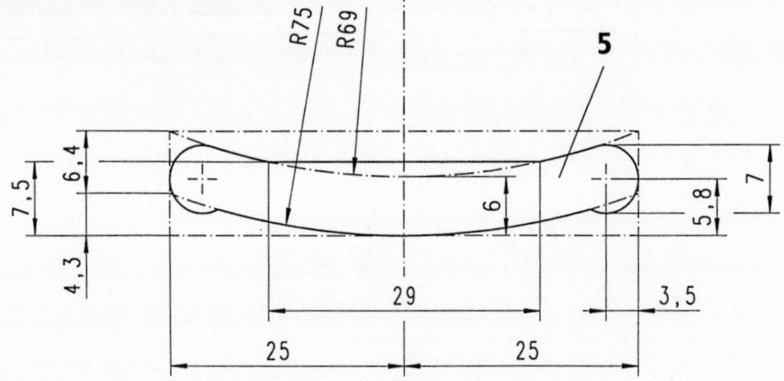

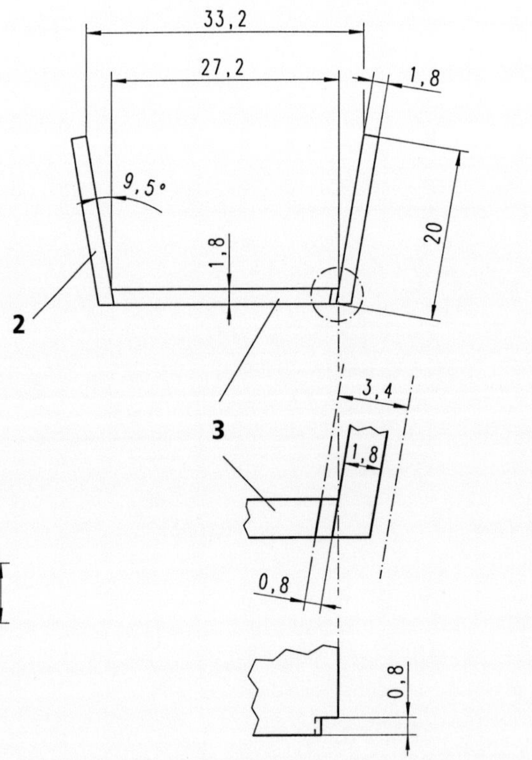

Pfosten. Leimen Sie Holzdübel in die Vorder- und Rückwand ein, dann geben Sie Holzleim auf alle Kontaktflächen und in die Dübelbohrungen in den Pfosten. Fügen Sie die Teile zusammen und verspannen Sie sie mit Schraubzwingen, wobei Sie zum Ausgleich der Schräge Futterhölzer unterlegen müssen. Hierfür sind am besten die beim Sägen entstandenen Abschnitte zu verwenden.
Zeichnen Sie auf den Pfosten die Schnittlinie für den unteren Abschluss auf. Sie verläuft parallel zu den Unterkanten der Vorder- und Rückwand. Gleichen Sie die Schrägen beim Anlegen an den Anschlag der Kreissäge am besten wieder durch die abgeschnittenen Dreiecke aus.
In die Pfosten sind Aussparungen für die Aufnahme der Kufen zu sägen. Zeichnen Sie die Abmessungen dieser Ausschnitte auf die Pfosten auf und stellen Sie an der Kreissäge die Höhe des Sägeblattes entsprechend ein. Wenn Sie diese Schnitte mit einer Kreissäge erstellen, müssen Sie dies unter Beachtung der Anweisungen und Sicherheitshinweise der Bedienungsanleitung der Kreissäge durchführen. Stellen Sie den Längsanschlag der Kreissäge für den ersten Schnitt ein, dann ziehen Sie nacheinander alle vier Pfosten über das Sägeblatt. Anschließend versetzen Sie den Anschlag um die Breite des Sägeblattes und setzen wieder vier Schnitte. Verfahren Sie so weiter, bis die benötigte Breite erreicht wurde. Säubern Sie zum Schluss die Innenseiten der Ausschnitte mit einer Raspel und Schleifpapier.
Um beim Zusammenbau der Seitenwände (2) und des Bodens (3) die gewünschte Neigung zu erhalten, müssen die Stoßflächen dieser Teile eine schräge Schnittkante erhalten. Mit einer Kreissäge, deren Sägeblatt seitlich geneigt werden kann, sind solche Schnitte am genauesten möglich. Sie können dazu aber auch eine Handkreissäge oder Stichsäge verwenden, die an einem Anschlag entlang geführt werden muss.
Der Boden erhält an allen vier Ecken Aussparungen für die Innenkanten der Pfosten. Die Längsseiten des Bodens erhalten je vier Bohrungen für Dübel (6 mm ø), und zwar parallel zur Oberfläche. Diese Bohrungen müssen Sie freihändig ausführen. Spannen Sie den Boden dazu fest in den Schraubstock ein. Mit Dübelmarkern fixieren Sie die Lage der Gegenbohrungen in den Seitenwänden. Wie Sie der Detailzeichnung (siehe Seite 46) entnehmen können, müssen diese Bohrungen schräg gebohrt werden. Beim freihändigen Bohren sollten Sie unbedingt einen auf den Bohrer montierten Tiefenstopper benutzen. Um die Seitenwände mit dem Bohrständer zu bearbeiten, sind sie so zu unterfüttern, dass der vorgegebene Neigungswinkel von 9,5° erreicht wird.
Wenn Sie die Holzdübel in die Seitenwände eingeleimt haben, können diese mit dem Boden zusammengebaut werden. Die Teile werden mit Schraubzwingen zusammengespannt. Dabei sind die Schrägen auszugleichen. Spreizen Sie die oberen Kanten der Seitenwände mit passend zugesägten Distanzhölzern auseinander. Nach dem Aushärten der Verleimung bohren Sie in alle Stirnseiten der Seiten-

3D-Ansicht (mit Transparenz)

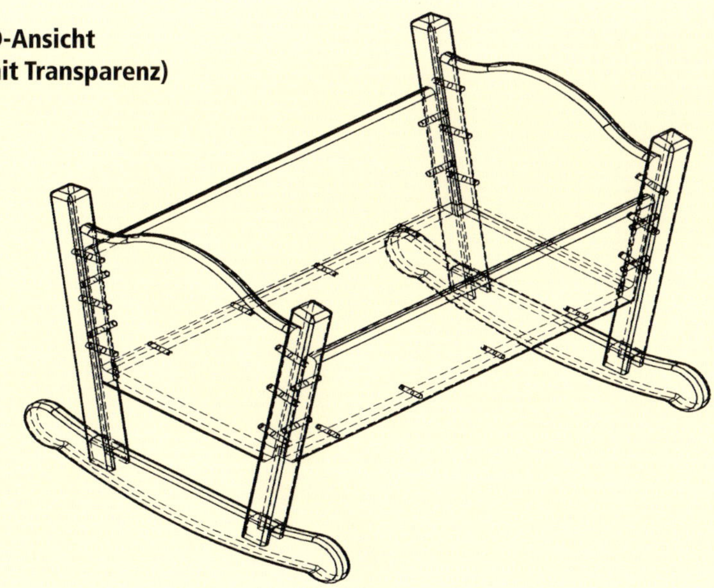

Oben: Tiefenstopper auf einem Holzbohrer

Mitte: Beim Einspannen der Vorder- und der Rückwand legen Sie zum Ausgleich der Schräge Futterhölzer unter.

Unten: Die Aussparungen in den Bettpfosten für die Kufen sägen Sie mit der Kreissäge, wobei mehrere Sägeschnitte dicht nebeneinander gesetzt werden.

wände und des Bodens je zwei Löcher für Holzdübel (8 mm ø). Markieren und bohren Sie die zugehörigen Bohrungen in Vorder- und Rückwand. Leimen Sie die Holzdübel ein, geben Sie etwas Leim auf alle Kontaktflächen und in die Dübellöcher, dann bauen Sie die Teile zusammen und verspannen sie mit Zwingen.

Kufen

Zeichnen Sie auf einem 30 cm breiten Leimholzbrett senkrecht zur Längsachse die Mittellinie auf. Spannen Sie das Brett auf einer ebenen Fläche fest und verlängern Sie diese Gerade. Da auf dieser Linie die Mittelpunkte der Kreisbogen für die Kufen liegen, brauchen Sie von der Vorderkante des Bretts aus etwa 90 cm Spielraum nach hinten. Damit Sie auf einer Ebene arbeiten können, ist es von Vorteil, ein Restholz als Futter aufzulegen.
Die Kreisbogen zeichnen Sie, wie das bereits beim Schaukelpferd besprochen wurde, also mit einem Leistenzirkel oder einem Schnurzirkel. Konstruieren Sie beide Kufen auf demselben Brett. Die Rundungen an den Enden der Kufen sollen ein Überschaukeln verhindern. Schneiden Sie die Kufen entlang der Risslinien mit einer Stichsäge aus. Achten Sie beim Zuschnitt darauf, dass der Schnitt immer im rechten Winkel zur Oberfläche des Werkstückes bleibt.
Die ausgeschnittenen Kufen legen Sie plan aufeinander. Sie werden mit Schraubzwingen zusammengehalten und mit den Laufflächen nach oben in einen Schraubstock gespannt. Mit dem Handhobel und dem Schwingschleifer werden diese nun so lange bearbeitet, bis sie absolut deckungsgleich sind, ebenso die restlichen Seiten der Kufen. Zur Profilierung der Kanten verwenden Sie, falls vorhanden, eine Oberfräse mit Anlauffräser oder eine in den Ständer eingespannte Bohrmaschine mit Walzenfräser. Ermitteln Sie die lichte Weite an der Unterkante der Pfosten, dann tragen Sie dieses Maß auf den Kufen jeweils gleich weit von der Mitte an. Stecken Sie die Teile trocken zusammen. Prüfen Sie, ob die Wiege im Lot steht. Ist die endgültige Lage der Kufen gefunden, werden sie festgeleimt.
Die Oberflächen werden zum Schluss geschliffen und gewachst oder gestrichen.

Bollerwagen

Auf dem Weg zum Kindergarten oder zum nächsten Spielplatz dürfte mit diesem Wagen der Fahrspaß für Groß und Klein gesichert sein. Und das ohne große Anstrengung, denn die großen, luftgefüllten Reifen laufen auf Rollenlagern. Die breiten Achsen sorgen in jedem Gelände für die nötige Standsicherheit. Alle Materialien für den Bau des Leiterwagens sind in gutsortierten Baumärkten zu finden.

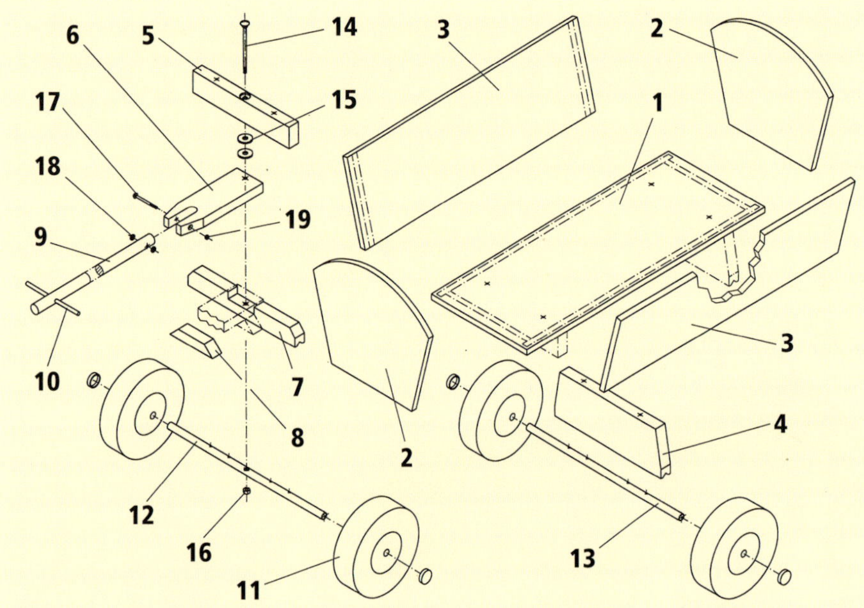

Explosionsansicht

Bollerwagen				
Pos.	**Stck.**	**Benennung/Abmessungen**	**Werkstoff**	**Bauteil**
1	1	37 x 1,8 x 92 cm	Leimholz / Fichte	Boden
2	2	37,5 x 1,8 x 45 cm	Leimholz / Fichte	Vorderwand / Rückwand
3	2	27,9 x 1,8 x 90 cm	Leimholz / Fichte	Seitenwände
4	1	14 x 3,6 x 41 cm (aus 2 x 1,8 cm)	Leimholz / Buche	Achshalterung hinten
5	1	7 x 3,6 x 37 cm (aus 2 x 1,8 cm)	Leimholz / Buche	Führungslager für Lenkung
6	1	10 x 3 x 30 cm (aus 2 x 1,8 cm)	Leimholz / Buche	Deichselbrett
7	1	5,5 x 3,6 x 41 cm (aus 2 x 1,8 cm)	Leimholz / Buche	Untere Achshalterung an Lenkung
8	1	3,2 x 3,6 x 16,4 cm (aus 2 x 1,8 cm)	Leimholz / Buche	Verstärkung der Lenkachse
9	1	Rundstab 2,5 ø x 100 cm	Buche	Deichselstange
10	1	Rundstab 1,4 ø x 18 cm	Buche	Handgriff
11	4	Laufrad luftbereift, D=260 mm, B=75 mm	Stahl / Gummi	Räder mit Luftreifen
12	1	Radachse, komplett, Länge anpassen (D = 20 mm, 800 mm lang)	Stahl	Radachse
13	1	Radachse, komplett, Länge anpassen (D = 20 mm, 800 mm lang)	Stahl	Radachse
14	1	Schloßschraube M 10 x 160	verzinkt	Drehachse der Lenkung
15	2	Scheiben f. Schraube M 10, großer Außen-ø	verzinkt	Drehlager für Lenkung
16	1	Sicherungsmutter M 10	verzinkt	
17	1	Sechskantschraube M 6 x 80	verzinkt	Aufnahme für Deichselstange
18	2	Scheibe für Schraube M 6	verzinkt	
19	1	Sicherungsmutter M 6	verzinkt	
20	8	Holzschrauben, Senkkopf ø 4,5 x 40	verzinkt	
21	37	Holzschrauben, Senkkopf ø 5 x 50	verzinkt	
22	1	Holzschrauben, Senkkopf ø 2,5 x 12	verzinkt	
23	22	Holzstopfen 15 mm ø, konisch	Fichte	

Material

Boden und Seitenwände des Bollerwagens bestehen aus 18 mm dicken Fichten-Leimholzbrettern. An den Unterbau und die Deichsel werden höhere Ansprüche gestellt, deswegen verwenden Sie hierfür Leimholz aus Buche. Da das Fahrzeug im Gebrauch dem Wetter ausgesetzt ist, müssen die Verleimungen mit wasserfestem Holzleim ausgeführt werden. Die Holzoberflächen sind mit einem wetterfesten Anstrich zu schützen. Verwenden Sie nur verzinkte Schrauben und rostfreie Beschläge.

Die für diesen Wagen ausgewählten Lufträder mit Rollenlager sind nicht ganz billig. Im Handel sind auch einfachere Ausführungen (z.B. Kunststoffräder mit Gleitlagerbuchse) erhältlich. Wenn der Bollerwagen jedoch häufig verwendet wird, machen sich die etwas höheren Anschaffungskosten durch einen deutlich geringeren Verschleiß und höheren Komfort schnell bezahlt.

Damit der Unterbau und die Achsen des Bollerwagens die auftretenden Kräfte sicher übertragen können, ist es notwendig, die Querschnitte ausreichend groß zu bemessen. Für unser Werkstück ist eine Materialdicke von 3,6 cm vorgesehen, die aber im Handel meist nicht erhältlich ist. Deshalb leimen Sie zwei jeweils 18 mm dicke Bretter zusammen. Diese müssen groß genug sein, dass Sie aus ihnen alle Bauteile aus Buche sägen können (etwa 40 x 80 cm). Tragen Sie mit dem Pinsel auf eines der Bretter einseitig dünn wasserfesten Holzleim auf und legen das zweite Brett deckungsgleich auf. Verspannen Sie beide fest mit Schraubzwingen, wobei zur besseren Kraftverteilung und zum Schutz des Holzes Leistenreste untergelegt werden sollten. Je mehr Zwingen Sie ansetzen, desto gleichmäßiger ist der Anpressdruck. Die Platten müssen vollflächig verleimt werden. Lassen Sie dem Leim ausreichend Zeit zum Abbinden, am besten über Nacht.

Wagenkasten

Schneiden Sie die Seitenwände (3) und den Boden (1) des Fahrzeuges zu. Die Neigung der Seitenwände stellt besondere

Anforderungen an die Bearbeitung. Die unteren Kanten der Seitenwände müssen über die gesamte Länge abgeschrägt werden. Für diese Arbeit ist eine Kreissäge am besten geeignet, deren Sägeblatt sich seitlich neigen lässt. Sie können auch eine Handkreissäge oder Stichsäge benutzen, wenn Sie diese an einem Anschlag entlang führen. Gehen Sie mit dem Sägeschnitt etwas von der Brettkante zurück, da sonst die Schnittkante ausfransen könnte. Schneiden Sie die Seitenwände anschließend am eingestellten Längsanschlag auf gleiche Breite. Übertragen Sie die Maße der Vorder- und Rückwand (2) aus der Zeichnung auf ein passendes Leimholzbrett.

Verleimen der Buchenholzplatten.

Beachten Sie hierbei den Verlauf der Holzmaserung. Die Bögen an den Oberseiten dieser Bauteile reißen Sie mit einem Schnurzirkel an. Durch das Anlegen der Seitenwände kontrollieren Sie, ob der Kreisbogen bei Vorder- und Rückwand auf der Höhe der Seitenwände endet. Passen sie die Kreisbögen nötigenfalls an und kennzeichnen Sie die einzelnen Bauteile mit einem weichen Bleistift.

Nach dem Aussägen der Vorder- und Rückwand ist deren Lage für die Montage auf den Innenseiten der Seitenwände zu markieren. Diese Teile sind um eine Brettstärke von den Kanten der Seitenwände nach innen versetzt. Hierdurch wird zum einen eine optische Gliederung des Wagenaufbaus erzielt, zum anderen rücken die Schrauben weiter von den Enden der Seitenwände weg. Die Löcher für diese Schrauben können dann beim Bohren nicht so leicht ausfransen. Halten Sie zum Anreißen ein Brett als Anschlag an die Enden der Seitenteile. Legen Sie einen Holzrest als Futter dazwischen, dann reißen Sie die Position der Vorder- und Rückwand mit einem Bleistift an. Da die Bohrungen für die Verschraubungen von außen her gebohrt werden, müssen Sie diese Markierungen sowohl auf den Innenseiten als auch auf den Außenseiten der Seitenwände vornehmen.

Beim Zusammenbau der Teile werden die Verbindungen diesmal nicht mit Holzdübeln, sondern mit verdeckt montierten Schrauben verstärkt. Hierfür sind mit einem Forstnerbohrer (15 mm ø) für alle Verschraubungen Sacklöcher vorzubohren, die nach dem Eindrehen der Schrauben mit eingeleimten Holzstopfen verschlossen werden. Die Verstärkung der Verleimung mit Schrauben ermöglicht ein sehr genaues Arbeiten, und es erübrigt sich ein Zusammenspannen der Bauteile mit Schraubzwingen. Die Abdeckung der Schrauben verbessert die Optik des Werkstückes, zudem verhindert es deren Korrosion im Freien.

Zur verdeckten Montage der Senkkopfschrauben (5 x 50 mm) erstellen Sie an den Enden der Seitenwände jeweils drei Sacklöcher. Bohren Sie auf keinen Fall zu

Für verdeckte Verschraubungen werden mit einem Forstnerbohrer Sacklöcher gebohrt, durch die man die Schrauben dreht. Die Sacklöcher werden mit einem Holzstopfen verschlossen.

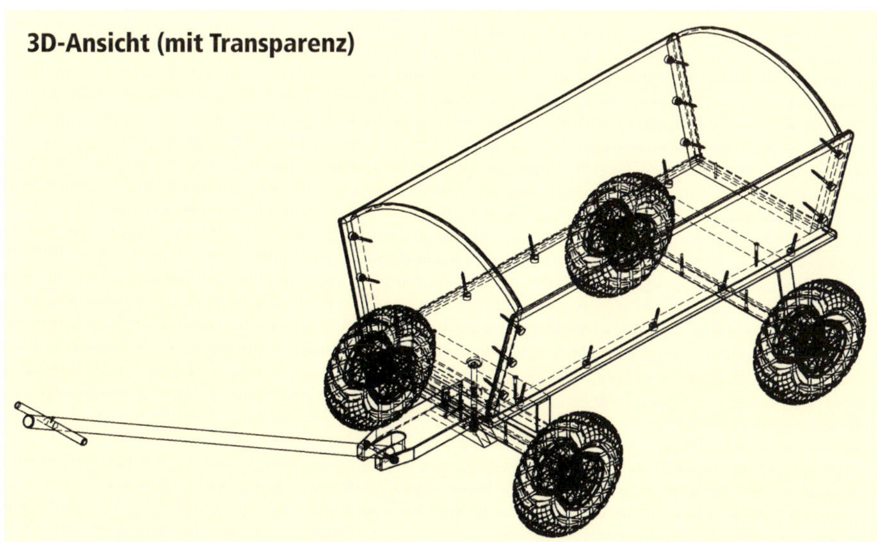

tief, damit die Schraube noch genügend Holz zum sicheren Halt behält. Benutzen Sie einen Bohrständer, um Winkel und Tiefe der Bohrung genau einhalten zu können. Bohren Sie nun, ausgehend von der Zentrierbohrung des Forstnerbohrers, ein Durchgangsloch (5 mm ø) durch das Sackloch (siehe Detailzeichnung »Y«, Seite 54). Wählen Sie den Querschnitt des Bohrers nicht größer, damit sich die Schraube beim Andrehen nicht durch das Holz zieht. Geben Sie Holzleim auf die Außenkanten der Vorder- und Rückwand und drehen Sie die Senkkopfschrauben durch die Bohrungen in den Seitenwänden. Damit die Unterkanten aller Bauteile bündig sind, setzen Sie diese auf einer ebenen Fläche aneinander. Überprüfen Sie mit einem Zimmermannswinkel, ob die Verbindungen rechtwinklig sind. Verwenden Sie zur Montage am besten einen Akku-Schrauber mit einstellbarem Drehmoment. Hiermit drehen Sie alle Schrauben schnell und bequem ein, die Köpfe der Schrauben ziehen sich bündig in das weiche Holz. Bei den Abmessungen der verwendeten Schrauben kann auf das Vorbohren in der Vorder- und Rückwand verzichtet werden. Setzen Sie die Schrauben jedoch genau im rechten Winkel ein und achten Sie darauf, dass das Holz der Stirnseiten nicht splittert. Sollte dies doch einmal passieren, drehen Sie die Schraube wieder heraus und vorsichtig, in eine andere Richtung geneigt, wieder hinein. Geben Sie etwas Leim unter den abgesplitterten Span und drücken ihn mit einer kleinen Schraubzwinge und einem Holzrest nieder. Mit einer Zwischenlage aus Zeitungspapier oder Karton verhindern Sie, dass der Holzrest kleben bleibt.

Mit etwas Holzleim in den Sacklöchern können Sie nun die Holzstopfen einsetzen. Suchen Sie die Stopfen so aus, dass deren Farbe und Maserung mit der Oberfläche des Werkstückes übereinstimmt. Klopfen Sie sie mit einem Holzhammer möglichst weit ein. Wenn nötig, werden überstehende Teile mit einer gekröpften Feinsäge bündig abgeschnitten. Verschleifen Sie die Stopfen nach dem Aushärten des Holzleimes mit einem Schwingschleifer.

Die verleimten Seitenwände werden auf den zuvor ausgesägten Boden gelegt und gleichmäßig ausgerichtet. Die Innen- und Außenkanten zeichnen Sie mit einem Bleistift nach. Bohren Sie für die Befestigung der Seitenteile je vier Löcher (1 mm ø) von oben durch den Boden, ebenso je zwei für die Stirnseiten. Drehen Sie den Boden herum und bohren in die Unterseite an den so markierten Stellen

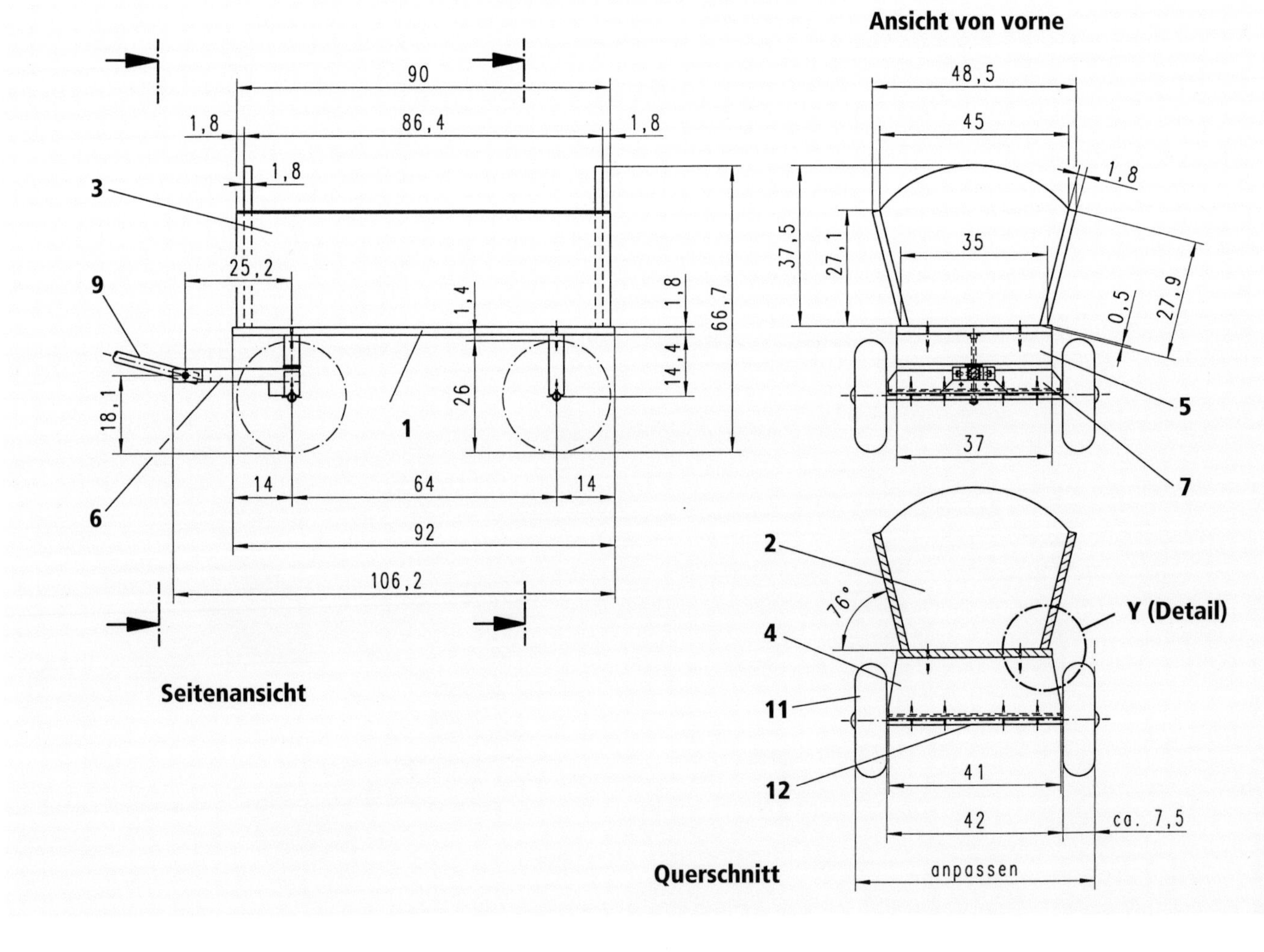

mit dem Forstnerbohrer Sacklöcher für die Verschraubung, rechtwinklig zur Fläche. Die anschließend gebohrten Durchgangslöcher sind jedoch entsprechend der Schräge der Seitenwände anzufertigen. Bohren Sie nun auch die Löcher (5 mm ø) für die Befestigungsschrauben der Achshalterungen und versenken diese (siehe Detailzeichnung »Z«, Seite 54). Beim Zusammenbau des Wagenkastens streichen Sie Holzleim auf alle unteren Stoßflächen der Seitenteile, setzen diese Baugruppe auf den Boden und richten sie aus. Fixieren Sie die Seitenteile vorn und hinten durch je eine Senkkopfschraube, die von unten durch den Boden geschraubt wird. Ziehen Sie diesen hierfür etwas über den Arbeitstisch hinaus. Zum Eindrehen der restlichen Schrauben kippen Sie den Wagenkasten auf die Seite, so dass die Unterseite des Bodens zu Ihnen zeigt. Beachten Sie, dass alle Schrauben parallel zu den Seitenteilen eingedreht werden müssen, teilweise also schräg zum Boden. Verschließen Sie die Sacklöcher wieder mit Holzstopfen.

Unterbau

Nachdem der Aufbau des Bollerwagens fertiggestellt ist, kommen die Achshalterungen und die Deichsel an die Reihe. Die verleimten Buchenbretter sind mittlerweile durchgehärtet und können bearbeitet werden. Wegen der auf den Unterbau wirkenden Kräfte müssen alle Teile längs zur Holzfaser zugeschnitten werden. Beim Bearbeiten der Buchenbretter werden Sie bemerken, dass dieses Holz nicht zu Unrecht als Hartholz bezeichnet wird. Es setzt den Werkzeugen einen wesentlich größeren Widerstand entgegen als das

Detail X

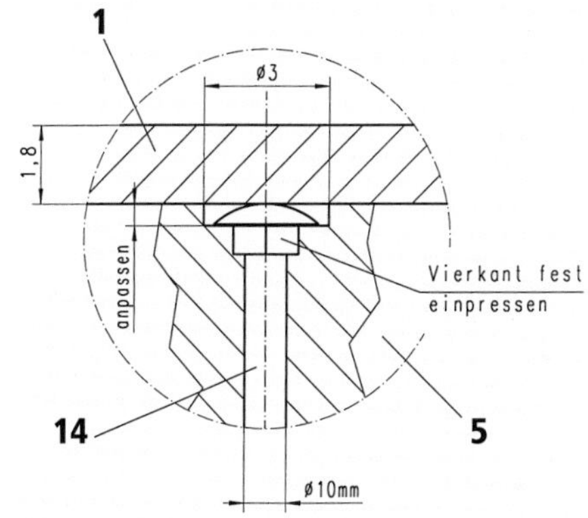

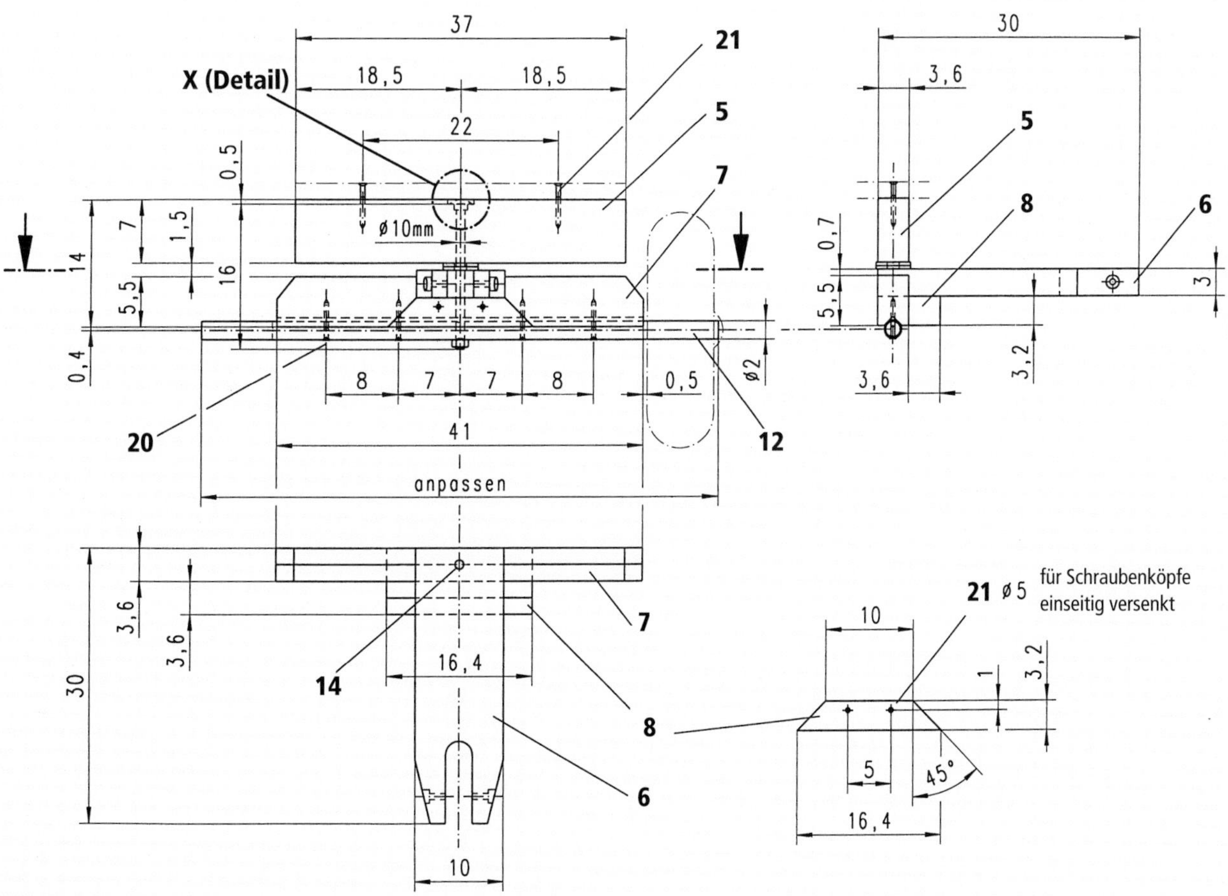

Führungslager: Vordere Achshalterung mit Deichselbrett

Detail Y

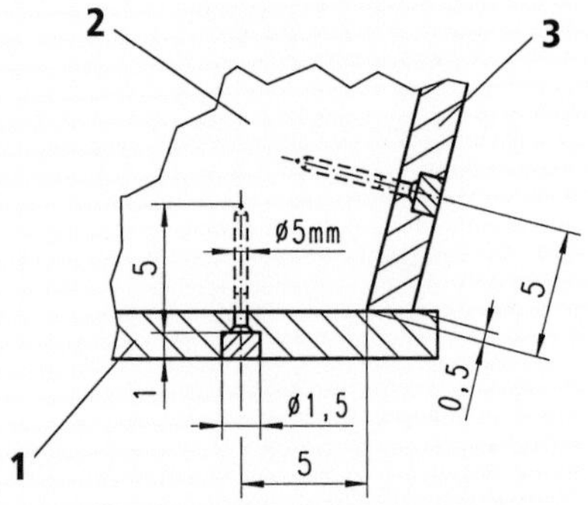

Detail Z

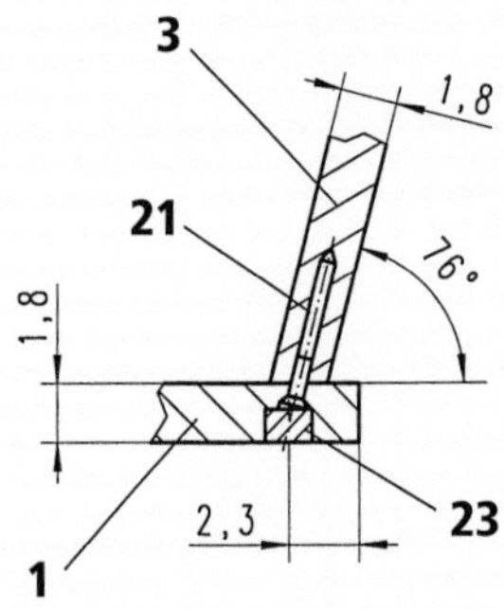

bisher verarbeitete Fichten- oder Kiefernholz. Um die Standzeit Ihrer Bohrer zu erhöhen, ist es ratsam, die Umdrehungszahl und den Vorschub beim Bohren zu verringern.

Zeichnen Sie die Konturen der hinteren Achshalterung (4) auf das Buchenholz und sägen Sie diese aus. Die Schrägen dieses Bauteils sollten oben bündig mit dem Wagenboden abschließen. Der Überstand unten gewährleistet einen genügend großen Abstand der Radnaben zum Fahrzeug und damit einen sauberen Rundlauf. Die Radachsen (12) werden teilweise in die Achshalter (4 und 7) versenkt und somit zusätzlich arretiert.

Wie im Detail »W« (Seite 54) dargestellt, kann die hierfür notwendige Aussparung durch parallele Schnitte mit der Kreissäge hergestellt werden. Wesentlich einfacher und besser ist es jedoch, mit der Oberfräse eine passende Nut zu fräsen.

Im harten Buchenholz können Sie Schrauben nicht ohne Vorbohren eindrehen, da Sie hierzu ziemlich viel Kraft aufwenden müssten. Zudem besteht die Gefahr, dass

Die Schlossschraube für die Drehachse muss straff eingepasst werden.

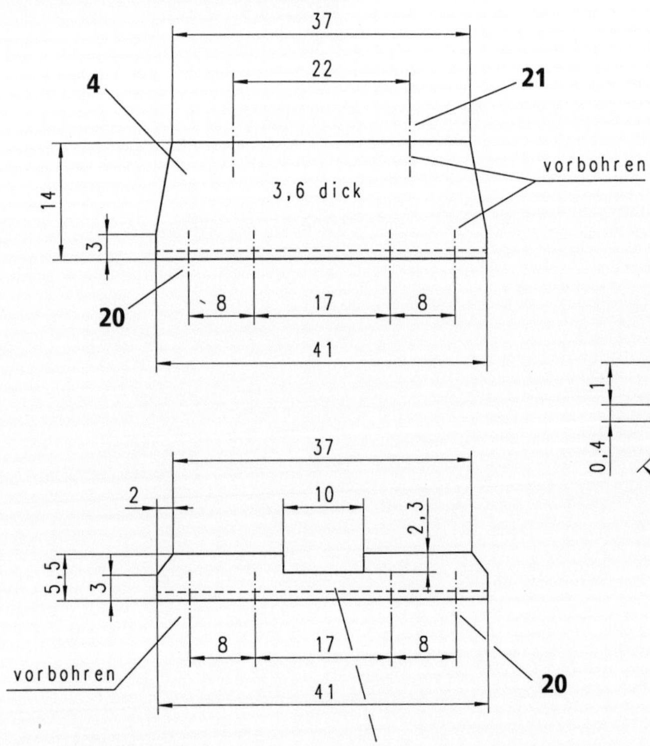

Achshalterungen

Detail W

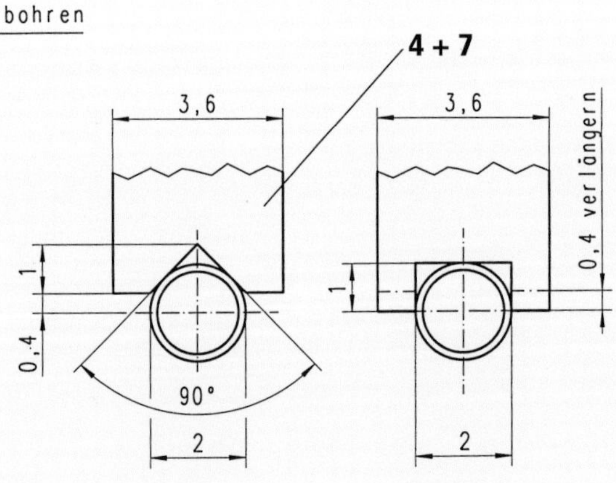

Vorgesehen:
Variante für Oberfräse

Vorgesehen:
Variante für Kreissäge

sich das Werkstück unter dem Druck der Schraube spaltet. Halten Sie die Achshalterung an die Montagestelle an und markieren Sie die Bohrungen durch den Wagenboden mit einem Nagel oder Vorstecher. Dann bohren Sie mit einem Bohrer, der höchstens dem Kerndurchmesser des Gewindes entspricht, vor. Befestigen Sie anschließend den hinteren Achshalter mit etwas Leim unter dem Wagenboden. Die Senkkopfschrauben sind von oben bündig einzudrehen.

Sägen Sie das Führungslager (5) aus und bohren Sie für die Montageschrauben vor. Für den Einbau der Drehachse (14) ist zuerst mit einem Forstnerbohrer (3 cm ø) ein Sackloch zu erstellen, danach die Durchgangsbohrung für die Schlossschraube. Benutzen Sie zum Bohren unbedingt einen Bohrständer, da die Qualität dieser Bohrungen ausschlaggebend ist für die spätere Lenkstabilität des Wagens. Die Schlossschraube muss straff eingepasst werden. Alle Bohrmaße sind an die von Ihnen verwendeten Verbindungsmittel anzupassen. Treiben Sie den Vierkant am Kopf der Schlossschraube mit einem Schlosserhammer fest in die Bohrung ein. Legen Sie dazu eine Schraube o.ä. als Distanzstück dazwischen. Mit der eingesteckten Schlossschraube kann das Führungslager mit Leim und zwei Senkkopfschrauben montiert werden. Der Kopf der Schlossschraube muss eng am Unterboden des Wagens anliegen, damit der Vierkant nicht aus der Passung rutschen kann.

Sägen Sie jetzt die vordere Achshalterung (7) aus. An der Unterseite fräsen Sie wieder eine Nut zur Aufnahme der Radachse. Der Ausschnitt für das Deichselbrett ist mit der Kreissäge anzufertigen. Markieren Sie die Abmessungen der Aussparung auf dem Holz, dann stellen Sie die exakte Höhe des Sägeblattes ein. Setzen Sie Sägeschnitte dicht nebeneinander, wobei das Werkstück am Längsanschlag geführt wird. Stellen Sie diesen für jeden Schnitt etwas nach.

Um die Auflagefläche des Deichselbrettes zu vergrößern, bringen Sie an der Vorderseite der vorderen Achshalterung eine Verstärkung (8) an. Befestigen Sie dieses Teil zusätzlich zur Verleimung mit Holzschrauben (4,5 x 40 mm), nachdem Sie passende Durchgangslöcher gebohrt und versenkt haben. Glätten Sie die Oberfläche der nun 7,2 cm breiten Auflagefläche mit Raspel und Schleifklotz. Zur Komplettierung der Vorderachse fehlt jetzt noch das Deichselbrett (6). Schneiden Sie als erstes die Außenkonturen zu. Da die Materialdicke dieses Bauteiles nur 3 cm betragen soll, sägen Sie es am Längsanschlag der Kreissäge auf dieses Maß zu. Verwenden Sie ein Schiebeholz zum Schutz Ihrer Finger. Die Rundung im Ausschnitt der Deichselaufnahme erstellen Sie am besten mit einem Forstnerbohrer, die geraden Schnitte mit der Kreissäge. Achten Sie aber unbedingt darauf, nicht zu tief zu schneiden. Durch die Rundung des Sägeblattes ist der Schnitt an der Unterseite des Werkstückes immer etwas weiter voran. Glätten Sie die Schnittkanten. Natürlich kann der Ausschnitt auch ganz mit der Stichsäge angefertigt werden, jedoch werden dann die Schnittkanten nicht ganz gerade werden.

Am vorderen Ende des Deichselbrettes sind seitlich Durchgangslöcher (6,5 mm ø) zu bohren und mit einem Forstnerbohrer (15 mm ø) zu versenken. Verwenden Sie hierzu wieder einen Bohrständer. Auch die fünf Bohrungen (4,5 mm ø) für die Schrauben, die das Deichselbrett mit der vorderen Achshalterung verbinden, können Sie nun erstellen, nicht jedoch die Bohrung für die Drehachse (10 mm ø). Sie wird erst nach dem Verleimen und Verschrauben des Deichselbrettes mit der Vorderachse gebohrt.

Die Rundung im Ausschnitt der Deichselaufnahme erstellen Sie mit einem Forstnerbohrer, die geraden Schnitte mit der Kreissäge.

Montage der Radachsen

Radachsen aus Stahl (12, 13) gibt es in Baumärkten in verschiedenen Längen zu kaufen, meist zusammen mit dem Befestigungsmaterial für die Laufräder. Für den Bollerwagen benötigen Sie Achsen mit einem Durchmesser von 2 cm und einer Länge von 80 cm.

Bohren Sie in beide Radachsen Durchgangslöcher für die Montageschrauben (4,5 x 40 mm). Versenken Sie diese einseitig, damit die Schraubenköpfe später bündig mit der Unterseite der Achsen sitzen. In der Mitte der vorderen Achse muss noch eine Bohrung (10 mm ø) zur Durchführung der Drehachse erstellt werden. Die Bohrungen sollten alle parallel zueinander verlaufen, wobei dies an einem Rohr nicht ganz einfach auszuführen ist. Um sich die Arbeit zu erleichtern, bohren Sie in jedes Rohr mit einem Bohrständer zunächst nur ein Loch, dann befestigen Sie die Rohre mit einer Schraube auf einem Hilfsbrett. Sie können sich jetzt nicht mehr verdrehen, und mit dem Bohrständer können die übrigen Bohrungen parallel zur ersten angefertigt und angesenkt werden.

Die Achshalterung darf bei Lenkbewegungen nicht an das Führungslager stoßen. Der eng im Hartholz geführte Schraubenschaft gewährleistet eine sichere Führung der Lenkachse. Die Bohrung in der Mitte der Radachse verleiht dem Lager zusätzliche Führung.

Die vorbereiteten Radachsen können nun montiert werden. Drehen Sie hierzu den Wagen auf den Kasten und gleichen Sie die Rundungen am Aufbau mit Resthölzern aus. Legen Sie die Achsen in die Nuten an den Unterseiten der Achshalterungen ein und richten Sie sie mittig aus. Bei der vorderen Achse stecken Sie die Schlossschraube durch die Bohrung. Dann reißen Sie die Lage der Schraubenlöcher an. Nachdem Sie vorgebohrt haben, drehen Sie die Senkkopfschrauben ein.

Zu Fertigmontage der vorderen Lenkachse fügen Sie die beiden Unterlegscheiben (15) zwischen Führungslager und Achshalterung ein. Durch die Scheiben wird die Reibung zwischen den Bauteilen verringert. Das Fahrzeug lässt sich leich-

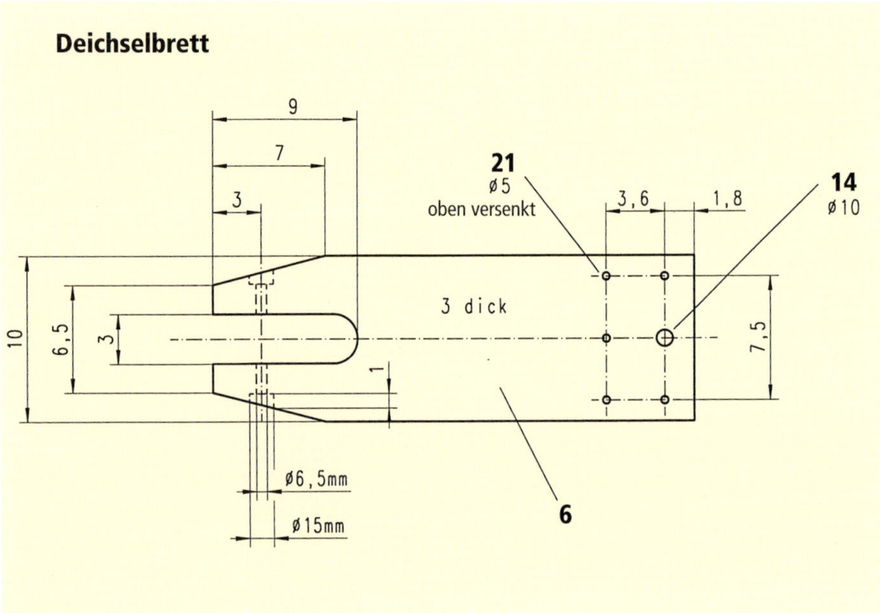

Vorderachse mit Deichsel, Ansicht von unten

ter lenken, und es gibt keinen Verschleiß der Holzteile. Aus diesem Grund müssen Scheiben mit einem großen Außendurchmesser benutzt werden. Drehen Sie abschließend eine Sicherungsmutter (M 10) auf die Schlossschraube. Die Sicherungsmutter darf nicht zu locker sein, aber auch nicht zu straff angezogen werden. Sie muss absolut sicher sitzen! Die Verwendung einer einfachen Sechskantmutter ohne Sicherung gegen selbsttätiges Lösen ist aus Sicherheitsgründen nicht zulässig! Stecken Sie nun die Laufräder auf und testen Sie, ob deren Laufflächen irgendwo an der Konstruktion streifen. In der Regel werden die Felgennaben in der Mitte der Räder über den Gummi hinausragen. Wenn das nicht der Fall ist, können Sie die Spurbreite erweiteren, indem Sie jeweils zwischen Räder und Achshalterung eine Scheibe auf die Achse geben. Stellen Sie die Räder so, dass sie genügend seitliches Spiel zu der Achshalterung erhalten. Seien Sie aber nicht zu großzügig, da die Räder sonst beim Fahren auf der Achse seitlich wandern.

Markieren Sie auf den äußeren Enden der Achsen die Stelle, wo sie abgesägt werden müssen. Ziehen Sie alle Räder wieder ab, kürzen Sie die Achsen mit einer Eisensäge und entgraten Sie die Kanten mit einer Feile. Stecken Sie nun die Laufräder wieder auf die Radachsen, mit den Luftventilen nach außen. Die Räder werden durch Fächerscheiben gesichert (als Zubehör bei den Radachsen mitgeliefert). Wenn diese Scheiben auf das Rohr gedrückt werden, verkeilen sich die Fächer, und die Scheiben lassen sich nur noch mit Gewalt entfernen. Die Fächerscheiben sind nach einer Demontage nicht mehr verwendbar und müssen ersetzt werden.

Deichsel

Zum Lenken und Ziehen des Wagens benötigen Sie noch eine Deichselstange mit Handgriff. Auch diese Bauteile fertigen Sie aus Hartholz.

Für die Deichselstange (9) kürzen Sie einen Rundstab (2,5 cm ø) auf eine Länge von 100 cm. Bohren Sie die angegebenen Löcher für den Handgriff sowie zur Befestigung am Deichselbrett. Damit die beiden Bohrungen parallel zueinander verlaufen, gehen Sie wieder wie bei den Radachsen vor. Sägen Sie den Handgriff (10) ab, markieren Sie die Mitte und leimen Sie den Griff in die Deichselstange ein. Zur Sicherung bohren Sie an der Unterseite ein kleines Loch, wo Sie eine kleine Senkkopfschraube (3 x 20 mm) eindrehen. Runden Sie alle Enden der Deichselstange und des Handgriffs mit Schleifpapier ab. Befestigen Sie das untere Ende der Deichselstange mit einer Sechskantschraube (17) M 6 x 80 mm am Deichselbrett. In die Lücken zwischen Deichselstange und Aussparung im Deichselbrett sind auf die Schraube beidseitig Unterlegscheiben (18) aufzuschieben, wodurch die Reibung zwischen den Bauteilen vermindert wird.

Auf die Sechskantschraube drehen Sie wieder eine Sicherungsmutter (19). Um die Mutter anziehen zu können, benötigen Sie einen Steckschlüssel.

Sie haben es geschafft – der Bollerwagen ist fertiggestellt. Drehen Sie ihn auf die Räder und machen Sie eine erste Probefahrt in der Werkstatt. Die Lenkung kann zu Anfang ruhig etwas straff sein, nach einer kurzen Zeit schleifen sich die Unebenheiten schnell glatt.

Streichen Sie das Fahrzeug abschließend mehrmals mit einem wetterbeständigen Lack, damit es auch Wind und Wetter trotzen kann. Nachdem auch der Luftdruck in den Rädern kontrolliert ist, kann der Bollerwagen zum ersten Einsatz kommen.

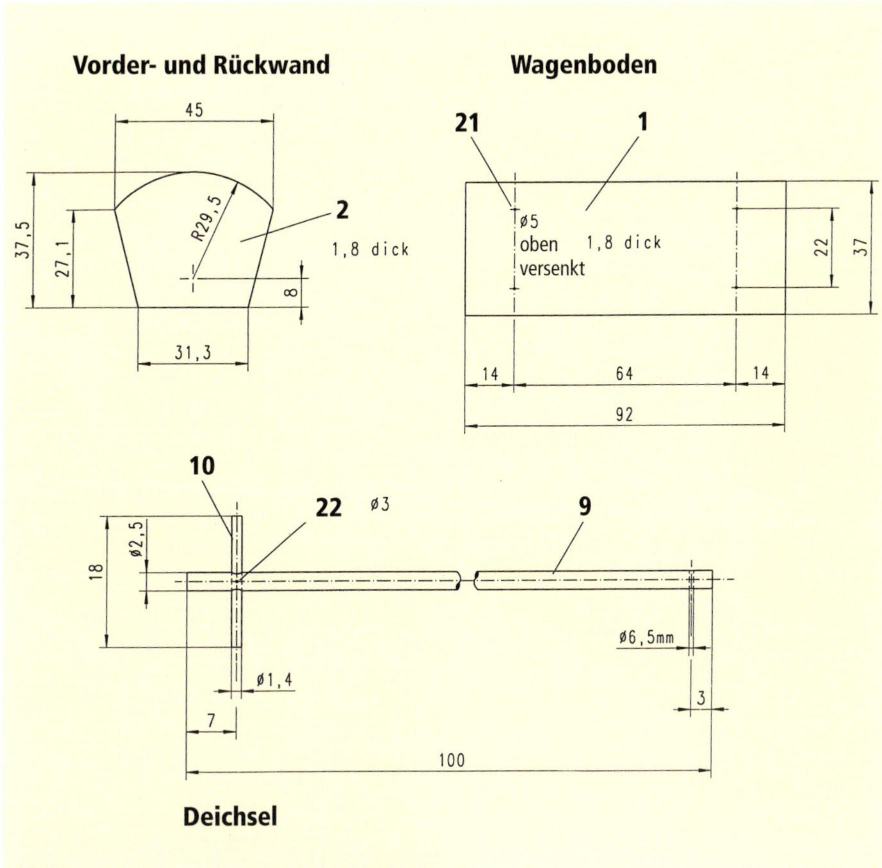

Der Deichselgriff wird von unten durch eine kleine Schraube gesichert.

Kaufmannsladen

Zusammen mit dem Bollerwagen und der im nächsten Kapitel beschriebenen Kinderküche zählt der Kaufmannsladen zu den aufwendigen Objekten in diesem Buch. Mit der notwendigen Muße und etwas handwerklichem Geschick bauen Sie hiermit aber ein Schmuckstück für das Kinderzimmer.

Für den Bau verwenden Sie Leimholz aus Fichten- oder Kiefernholz in einer Dicke von 18 mm, nur die Platte der Verkaufstheke besteht aus 28 mm dickem Leimholz. In das Regal wird als Rückwand eine Sperrholzplatte (etwa 5 mm dick) eingesetzt.

Schubladen

Es ist wichtig, dass Sie die Arbeiten mit den Schubladen beginnen. Sie müssen später exakt in die Führungen der Regalwand passen und können bei der Herstellung als Musterstücke benutzt werden. Damit die Schubladen nicht zu klobig werden, fertigen Sie die Wandungen aus 10 mm dicken Brettern. Leimholz in diesen Stärken gibt es jedoch nicht zu kaufen. Daher schneiden Sie 18 mm dickes Leimholz auf das benötigte Maß zu.

Grundvoraussetzung ist – wie für alle diese Arbeiten – ein scharfes und feingezahntes Sägeblatt. Andernfalls besteht immer die Gefahr, dass die Kanten der Hölzer splittern. Schneiden Sie zuerst für jede benötigte Breite genügend Holzstreifen zu. Sägen Sie immer in Längsrichtung der Maserung, damit diese Hölzer nicht brechen. Wenn Sie das Holz am eingestellten Längsanschlag entlangführen, werden alle zueinander gehörenden Teile gleich breit. Stellen Sie die Höhe des Sägeblattes passend ein und schieben Sie den Anschlag auf einen Spalt von 10 mm an das Sägeblatt heran. Dann sägen Sie alle Holzstreifen auf diese Dicke zu. Für den Vorschub benutzen Sie zur Sicherheit ein Schiebeholz.

Alle Schnitte müssen auf jeden Fall rechtwinklig ausgeführt werden. Die Schnittflächen werden mit einem elektrischen Handhobel geglättet und anschließend geschliffen. Dann sägen Sie die Einzelteile zu und sortieren sie entsprechend.

In die Stirnseiten der Schubladen (20) bohren Sie Löcher für die Schrauben, mit denen später die Möbelknöpfe aus Kiefernholz (22) befestigt werden. Um die Lage der Bohrungen in der Mitte der Schubladenfront zu finden, zeichnen Sie mit einem Lineal den Schnittpunkt der Diagonalen. In diesem Punkt setzen Sie den Bohrer an.

Kaufmannsladen

Pos.	Stck.	Benennung/Abmessungen	Werkstoff	Bauteil
1	2	20 x 1,8 x 112,6 cm	Leimholz / Fichte	Seitenwand Regalwand
2	6	10 x 1,8 x 19,5 cm	Leimholz / Fichte	Mittelwand Schubladenteil
3	4	21,8 x 1,8 x 19,5 cm	Leimholz / Fichte	Auflagen Schubladenteil
4	2	33,6 x 1,8 x 19,5 cm	Leimholz / Fichte	Stege Schubladenteil
5	1	24,2 x 1,8 x 19,5 cm	Leimholz / Fichte	Mittlerer Regalboden
6	1	19,5 x 1,8 x 71,4 cm	Leimholz / Fichte	Oberer Regalboden
7	2	19,5 x 1,8 x 71,4 cm	Leimholz / Fichte	Unterer Regalboden
8	1	17,2 x 1,8 x 71,4 cm	Leimholz / Fichte	Querbrett Regalwand
9	1	19,5 x 1,8 x 47,8 cm	Leimholz / Fichte	Zwischenboden
10	1	19,5 x 1,8 x 53,4 cm	Leimholz / Fichte	Unteres Stegbrett
11	3	19,5 x 1,8 x 21,8 cm	Leimholz / Fichte	Unterer Regalboden
12	2	3 x 1,8 x 71,4 cm	Leimholz / Fichte	Fußleiste Regalwand
13	1	73,4 x 0,5 x 95,4 cm	Sperrholz	Rückwand Regalwand
14	1	30 x 1,8 x 65 cm	Leimholz / Fichte	Verbindungsteil
15	1	30 x 2,8 x 80 cm	Leimholz / Fichte	Tischplatte Verkaufstheke
16	2	30 x 1,8 x 57,2 cm	Leimholz / Fichte	Wangen Verkaufstheke
17	1	25,8 x 1,8 x 71,4 cm	Leimholz / Fichte	Ablage
18	2	7 x 1,8 x 71,4 cm	Leimholz / Fichte	Blenden Ablage
19	12	7,8 x 1 x 17,5 cm	Leimholz / Fichte	Boden Schublade
20	24	9,8 x 1 x 9,8 cm	Leimholz / Fichte	Front- und Rückwand Schublade
21	24	9,8 x 1 x 17,5 cm	Leimholz / Fichte	Seitenwände Schublade
22	12	Möbelknopf, klein	Kiefer	Möbelgriff für Schubladen
23	4	Sechskantschraube M 6 x 45	verzinkt	Verbindung Regalwand mit Theke
24	8	Scheibe für Schraube M 6	verzinkt	Verbindung Regalwand mit Theke
25	4	Hutmuttern M 6	verzinkt	Verbindung Regalwand mit Theke
26	1	Pack. Holzschrauben, Senkkopf ø 2 x 15	verzinkt	Befestigung der Sperrholz-Rückwand
27	12	Holzschraube Senkkopf ø 2,5 x 20	verzinkt	Befestigung Möbelknöpfe
28	1	Dübelstange 8 mm ø	Hartholz	
29	60	Holzdübel 8 mm ø	Hartholz	
30	30	Holzschraube, Senkkopf ø 4,5 x 40	verzinkt	
31	30	Holzstopfen 15 mm ø, konisch	Fichte	
32	1	Packung Stahlstifte	Stahl	Montage der Schubläden

Oben: Die Teile der Schubladen werden bis zum Aushärten der Verleimung verspannt.

Alle Einzelteile der Schubladen werden stumpf miteinander verleimt.
Zur Erleichterung der Montage sind die Rückwand und die Seitenwände zusätzlich mit kleinen Stahlstiften zu fixieren. Schlagen Sie die Stifte ein, bevor der Leim auf die Stoßflächen aufgetragen wird.
Nach dem Auftragen des Leimes fügen Sie als erstes eine Seitenwand mit dem Boden zusammen. Damit die Kanten genau fluchten, verwenden Sie am besten ein Stück Restholz als Anschlag. Treiben Sie die Stahlstifte mit einem leichten Hammer bündig in das Holz ein. Anschließend werden die übrigen Teile montiert: die zweite Seitenwand, die Rückwand und schließlich die Frontseite. Da sie später die Sichtseite der Schublade bildet, verwenden Sie bei der Montage dieses Teiles besser keine Stahlstifte. Verspannen Sie die verleimten Teile mit Schraubzwingen. Das weiche Holz schützen Sie mit Holzresten. Prüfen Sie nach dem vollständigen Aushärten der Verleimung die Oberflächen der Schubladen. Überstehende Kanten können mit dem Handhobel angestoßen werden. Schleifen Sie anschließend die Bauteile, am besten mit einem Bandschleifgerät, mit dem sich Flächen schnell plan schleifen lassen.
Wenn alle Seiten fertig geschliffen und die Kanten abgerundet sind, befestigen Sie zum Abschluss die Möbelgriffe mit den mitgelieferten Schrauben. Zur Sicherheit kann auf die Unterseite der Griffe ein Tropfen Holzleim gegeben werden.

Bei der Befestigung der Möbelknöpfe an den Schubladenfronten geben Sie auf die Unterseite der Knöpfe einen Tropfen Leim.

Fertig montierte und geschliffene Schublade.

Regalwand

Die meisten Stoßverbindungen werden bei diesem Werkstück geschraubt, wobei zuvor auf die Kontaktflächen Holzleim aufgetragen wird. Die Verschraubungen erfolgen verdeckt in Sacklöchern, die mit Holzstopfen verschlossen werden. Zum Eindrehen der Schrauben verwenden Sie am besten einen Akkuschrauber. Mit diesem Gerät sind Sie mobil, und durch das einstellbare Drehmoment können Sie vermeiden, dass die Schrauben zu tief eingedreht werden.
Damit die Sperrholzplatte für die Rückwand in der Seitenansicht nicht übersteht, wird sie in Nuten der Seitenwände einge-

lassen. Alle anderen Teile der Regalwand sind in der Breite gegenüber den Seitenwänden um die Dicke der Sperrholzplatte verkürzt. Auch die Tiefe der Schubladen ist entsprechend angepasst.
Die Konstruktionszeichnungen sehen für die Rückwand eine Dicke von 5 mm vor. Sollten Sie Sperrholz mit einer anderen Dicke verwenden, so müssen die Abmessungen der übrigen Teile entsprechend angepasst werden. Damit bei der Konstruktion der Regalwand die Passgenauigkeit aller Regalböden gewährleistet ist, sägen Sie am besten die Teile 2 bis 11 (ohne 8) am einmal eingestellten Längsanschlag der Kreissäge auf Breite.
Die Mittelwände (2) des Schubladenteils werden mit den horizontalen Auflagen (3) gemeinsam durch jeweils zwei durchgehende Dübelstangen verbunden. Präzises Messen und Bohren ist hierbei sehr wichtig, damit später die Schubladen passen. Spannen Sie alle Mittelwände mit Schraubzwingen zusammen, reißen Sie die Lage der Bohrungen für die Dübelstange (8 mm ø) an und bohren Sie die Löcher auf einem Bohrständer.
Auf den Auflagebrettern wird die genaue Lage der Mittelwände angezeichnet. Stecken Sie Dübelmarker in die Bohrungen der Mittelwände und richten Sie diese auf den Auflagebrettern aus. Mit leichten Schlägen eines Holzhammers wird die Lage der passenden Dübellöcher fixiert. Zueinander gehörende Teile kennzeichnen Sie mit Bleistift.

Längen Sie in einer Schneidlade mit einer Feinsäge von der Dübelstange acht passende Teile ab und leimen Sie diese einseitig in vier Mittelwände ein. Mit etwas Holzleim auf den Kontaktflächen werden zuerst die Auflagebretter auf die Dübel geschoben und anschließend die restlichen Mittelwände fertig montiert.
An den inneren Seiten der eben fertiggestellten Bauteile können nunmehr die Stege (4) befestigt werden. Die Verbindung wird mit verdeckten Schrauben hergestellt.
Zeichnen Sie auf den Stegen die Lage der Auflagebretter auf, und bohren Sie von der Rückseite mit einem Forstnerbohrer (15 mm ø) Sacklöcher in diese Teile. Bohren Sie dabei nicht zu tief, es muss noch genügend Holz zum Verschrauben übrig bleiben. Für die Schrauben (4,5 x 40 mm) werden anschließend die Durchgangsbohrungen erstellt.
Die Stege können jetzt mit den Seitenteilen verschraubt und verleimt werden. Geben Sie Holzstopfen mit etwas Leim in die Sacklöcher, dann klopfen Sie die Stopfen mit dem Holzhammer ein. Die verwendeten Stopfen sollten in Farbe und Maserung nach Möglichkeit zum Bauteil passen. Trennen Sie mit einer gekröpften Feinsäge überstehendes Material ab und glätten Sie die Stelle mit Schleifpapier und Schleifklotz.
Der mittlere Regalboden (5) wird mit den Stegen verdübelt. Bohren Sie hierfür Dübellöcher in die seitlichen Kanten des Regalbodens und, nachdem die Gegenbohrungen mit Dübelmarkern angerissen wurden, in die Stege. Leimen Sie Holzdübel (8 mm ø) in den Regalboden, um ihn dann mit den Stegen zu verbinden. Legen Sie die Teile bei der Montage an einen Anschlag an und prüfen Sie, ob die Schubladen eingeführt werden können.
Um die Schraubzwingen sicher ansetzen zu können, werden links und rechts Hilfsbretter angelegt. Während die Verleimung dieser Teile aushärtet, verbinden Sie den oberen Regalboden (6) mit dem Querbrett (8). Auch diese Teile werden verdeckt verschraubt. Das Querbrett muss um die Dicke der Rückwand (13) nach außen verschoben werden. Um diesen Wert verringert sich das Maß, in das die Schrauben hineingedreht werden können, zudem rückt die Sackbohrung (15 mm ø) nahe an die Außenkante des Regalbodens. Beim Bohren der benötigten Löcher für die drei Schrauben müssen Sie sehr sorgfältig zu Werke gehen, ebenso beim Eindrehen der Schrauben.
Richten Sie die vormontierte Baugruppe mit den Schubladenteilen genau auf dem unteren Regalboden (7) aus. Zeichnen Sie die Kanten der Teile mit einem Bleistift nach, und reißen Sie für jedes Brett zwei Schraubenlöcher an. Bohren Sie von der Oberseite mit kleinem Durchmesser durch den Regalboden, um dann auf der Unterseite die Lage der Sacklöcher (15 mm ø) zu kennzeichnen. Im Bereich des unteren Stegbrettes (10) reicht es aus, die Schrauben bündig einzudrehen. Erstellen Sie die benötigten Sacklöcher,

Unten links: Beim Bohren der Dübellöcher in den Mittelwänden müssen Sie sehr genau arbeiten, damit die Verbindungen rechtwinklig bleiben.

Unten rechts: Die Verbindung der Teile der Schubladenführung ist gedübelt.

ebenso die Durchgangsbohrungen (4,5 mm ø), und verschrauben Sie die Teile. In der gleichen Weise wird der obere Regalboden mit dem bereits vormontierten Querbrett angebaut.

Diese Baugruppe ist damit fertiggestellt, und Sie können daran gehen, die Seitenwände (1) vorzubereiten. Im Handel sind Leimholzbretter erhältlich, deren Breite exakt der Breite der Seitenteile entspricht. Somit müssen die Seitenwände in der Breite müssen nicht mehr zugeschnitten werden.

Reißen Sie auf den Innenseiten der Seitenwände die Lage der Regalböden an. Hierzu legen Sie die montierte Baugruppe flach auf eine ebene Fläche, dann stellen Sie die Seitenwände seitlich bündig an. Durch die Position der Regalböden ist die Lage der Bohrungen für die Schrauben festgelegt, ebenso die Länge der Nut in den Seitenwänden zur Aufnahme der Rückwand. Für die Herstellung der Nu-

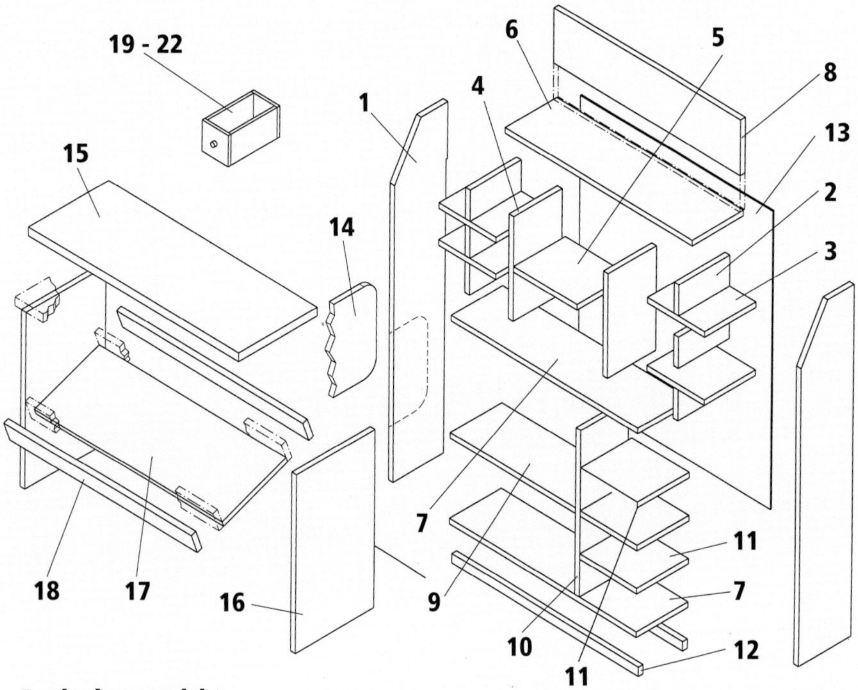

Explosionsansicht

Regalwand

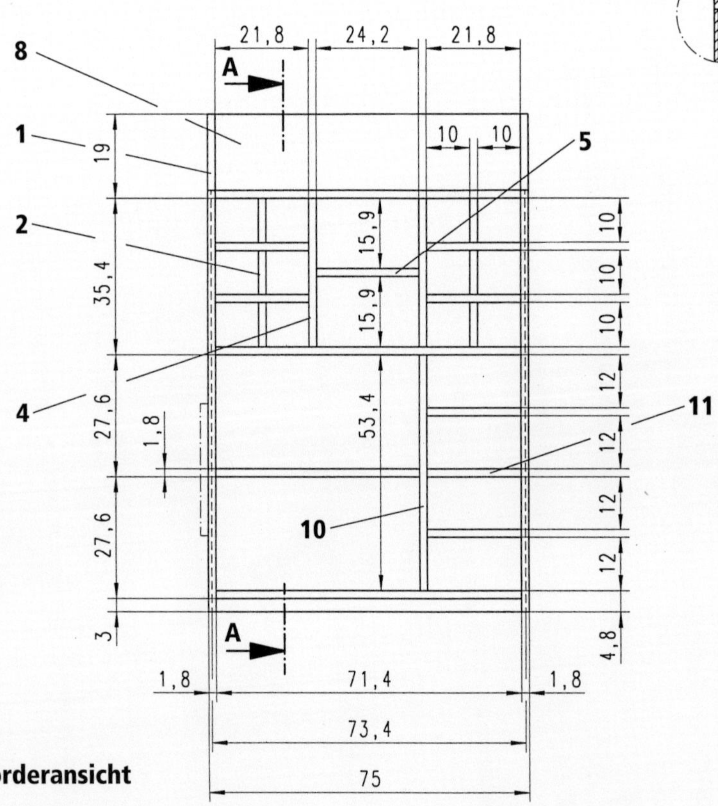

Vorderansicht

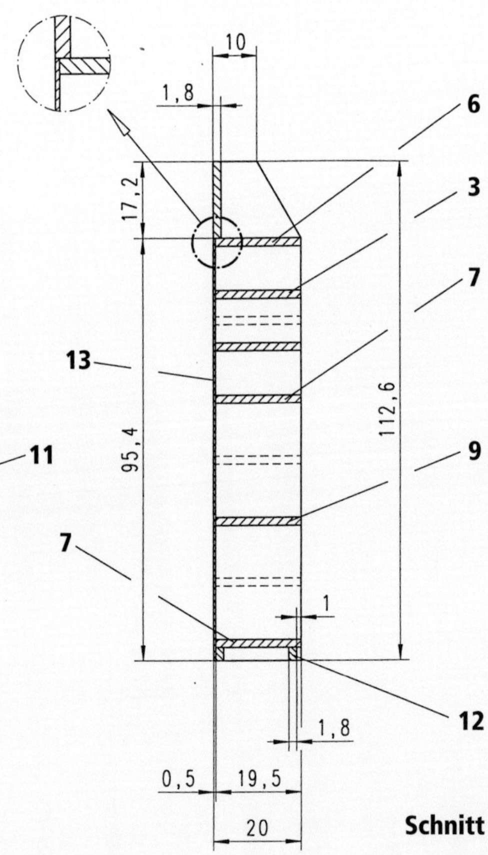

Schnitt A - A

ten verwenden Sie nach Möglichkeit eine Oberfräse, alternativ kann aber auch ein elektrischer Handhobel eingesetzt werden. Es ist mit einer Oberfräse nicht möglich, das Ende einer Nut eckig auszuführen. Hier müssen Sie mit einem Stechbeitel etwas nacharbeiten.
Die Seitenwände (1) werden jeweils zweimal mit den durchgehenden Regalböden sowie mit den Auflagebrettern der Schubladenteile verdeckt verschraubt. Bohren Sie auch hier wieder mit kleinem Durchmesser von der Innenseite her durch, um die Lage der Bohrungen zu fixieren. Drehen Sie in die Sacklöcher (15 mm ø) die Schrauben (4,5 x 40 mm) ein und verschließen Sie die Bohrungen mit Holzstopfen. Verbinden Sie auf diese Weise auch das untere Stegbrett (10) mit den unteren Regalböden (11).
Im Bereich des Zwischenbodens (9) drehen Sie die Schrauben durch das untere Stegbrett bündig ein. Später werden die Schraubenköpfe durch den eingedübelten Zwischenboden verdeckt. Befestigen Sie jetzt mit verdeckten Schrauben die Fußleisten (12) an der Unterseite des Bodenbrettes (7), anschließend kann das untere Stegbrett angeschraubt werden. Auch hier werden die Schrauben nur bündig von der Unterseite her eingedreht.
Die restlichen Stöße des unteren Stegbrettes zu den Regalböden (9, 7) müssen gedübelt werden. Bohren Sie Dübellöcher (8 mm ø) in die Stirnseiten der Einzelteile, und legen Sie auf den Gegenseiten mit Dübelmarkern die zugehörenden Löcher fest. Befestigen Sie zuerst den Zwischenboden mit Holzdübeln am unteren Stegbrett, dann dübeln Sie dieses an die Unterseite des darüber liegenden Regalbodens. Jetzt können auch die beiden Seitenwände angelegt und verschraubt werden. Stellen Sie das Werkstück anschließend wieder auf die Beine.
Das Regal ist jetzt bis auf die Rückwand fertig. Bevor sie angebaut wird, ist es notwendig, die Schubladen auf Funktion zu prüfen. Alle Schubladen müssen in alle Führungen passen. Aufgrund gewisser Toleranzen in der Fertigung wird das nicht immer der Fall sein. Wenn eine Schublade klemmt, schauen Sie durch die Öffnung, um festzustellen, wo nachge-

Der obere Regalteil wird als Ganzes fertiggestellt, bevor er mit den Seitenwänden verschraubt wird.

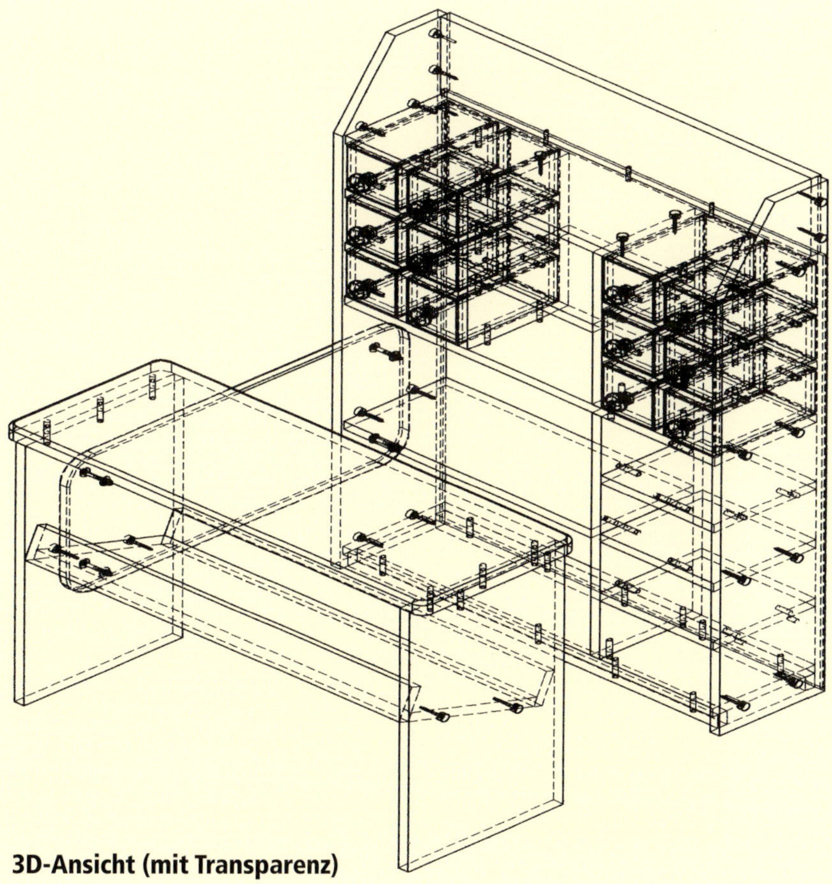

3D-Ansicht (mit Transparenz)

arbeitet werden muss. Bearbeiten Sie die Stelle mit dem Schleifklotz oder benutzen Sie das Bandschleifgerät, wenn eine Schublade Übermaß aufweisen sollte. Bei diesen Arbeiten ist es besser, wenn man ungehindert durch die Öffnungen greifen und sehen kann. Die Rückwand wäre hierbei nur hinderlich.

Sind alle Schubladen eingepasst, kann auch die Rückwand zugeschnitten und montiert werden. Eine an die Kreissäge angebaute Plattenschneidevorrichtung ist beim Zuschnitt von großem Vorteil. Mit dieser Vorrichtung können Sie große Teile genau auf Maß und im Winkel schneiden. Sie können sich aber auch behelfen, indem Sie eine Leiste passend auf die Sperrholzplatte spannen und eine Handkreissäge oder Stichsäge an diesem Anschlag entlangführen.

Heften Sie die zugeschnittene Sperrholztafel von der Rückseite provisorisch mit kleinen Stahlstiften an. Mit einem Bleistift können danach von der Vorderseite aus die Konturen der Regalbretter nachgezeichnet werden. Nehmen Sie die Rückwand wieder ab, und bohren Sie Löcher für die Senkkopfschrauben (2 x 15 mm). Mit diesen Schrauben befestigen Sie die Rückwand am Regal, nachdem Sie zuvor auf alle Stoßflächen zusätzlich Leim gegeben haben.

Verkaufstheke

Natürlich benötigt der Kaufmannsladen auch eine Verkaufstheke. Auf der großen Tischplatte findet alles wichtige Zubehör wie Waage und Registrierkasse einen festen Platz. In der Ablage darunter wird Obst und Gemüse zum Kauf angeboten. Zur besseren Präsentation ist diese Ablage nach vorne geneigt.

Beginnen Sie den Bau der Verkaufstheke damit, die Blenden (18) beidseitig an die Ablage (17) mit jeweils drei Senkkopfschrauben (4,5 x 40 mm) zu montieren. Lassen Sie auch diese Schrauben wieder in das Holz ein und verschließen die Bohrungen mit Holzstopfen (15 mm ø).

Ermitteln Sie nun auf den Innenseiten der Wangen (16) die Eckpunkte der vormontierten Ablage. Legen Sie diese an und zeichnen Sie mit einem Bleistift die Konturen nach. Danach markieren Sie auf jeder Seite die Lage dreier Bohrlöcher für die Schrauben. Bohren Sie mit kleinem Durchmesser durch das Holz hindurch, um an den so markierten Stellen wieder Sacklöcher (15 mm ø) zu erstellen. Mit etwas Leim auf den Stoßflächen der Ablage werden diese mit den Wangen verschraubt. Achten Sie bei der Montage der zweiten Wange darauf, dass deren Unterkante flächig auf dem Boden steht.

Die Tischplatte (15) wird durch Holzdübeln mit dem Untergestell verbunden. Hierzu bohren Sie zuerst jeweils drei Dübellöcher (8 mm ø) in die Oberkanten der Wangen und stecken Dübelmarker hinein. Richten Sie die Tischplatte aus, und schlagen Sie mit Holzhammer und Hilfsholz leicht auf die Außenkanten. Bohren Sie die so markierten Löcher auf dem Bohrständer und leimen Sie die Holzdübel ein. Prüfen Sie die Maßhaltigkeit der Bauteile durch probeweises Zusammenstecken. Mit etwas Leim in den Dübellöchern und auf den Oberkanten der Wangen kann dann die Platte fertig montiert werden. Falls erforderlich, trei-

Seite 64:
Die fertig montierte Regalwand

Rechts: Die Seitenwände werden mit den Regalböden verdeckt verschraubt.

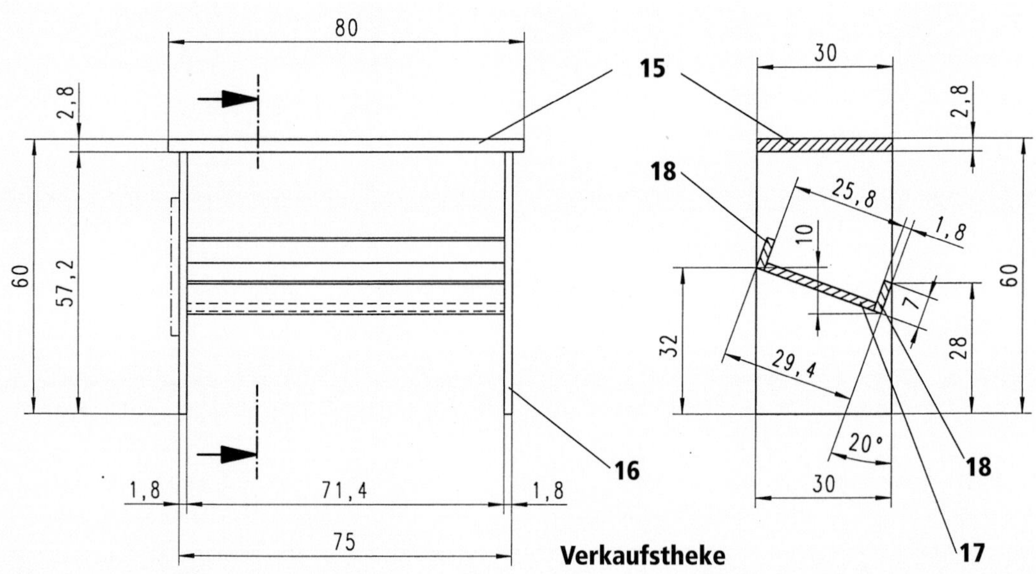

Verkaufstheke

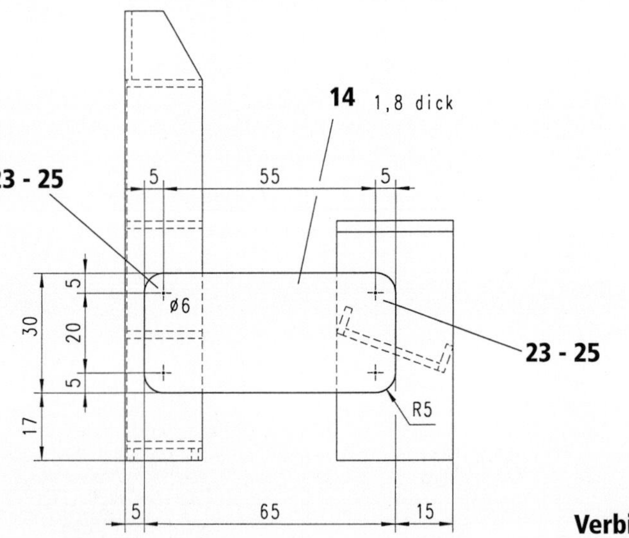

Verbindungsteil

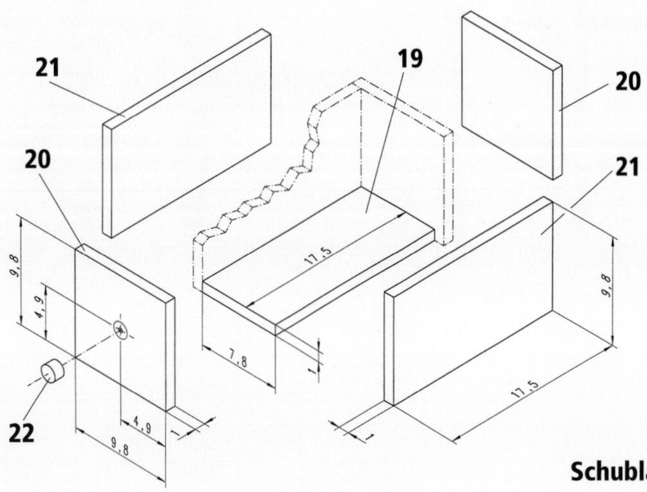

Schublade

ben Sie die Holzdübel mit dem Holzhammer ein, wobei ein Hilfsholz untergelegt werden sollte. Verspannen Sie die Verleimung mit jeweils zwei großen Zwingen. Die Tischplatte muss in der ganzen Breite flächig auf den Oberseiten der Wangen aufliegen. Legen Sie auf beiden Seiten kräftige Vierkanthölzer zwischen das Werkstück und die Zwingen, um die Spannkraft gleichmäßig zu verteilen.

Verbindungsteil

Der Kaufmannsladen ist jetzt fast fertig. Allerdings stehen sowohl die Regalwand als auch die Verkaufstheke für sich alleine etwas instabil, da deren Aufstandsfläche nicht sehr groß ist. Mit dem Verbindungsteil (14) werden diese Bauteile fest miteinander verbunden, sind durch die Schrauben aber jederzeit wieder zu lösen. Die Breite des Verbindungsteils entspricht mit 30 cm den gängigen Abmessungen der im Handel erhältlichen Leimholzbretter. Sägen Sie ein solches Brett auf die angegebene Länge ab. Reißen Sie mit einem Bleistift sowohl die Rundungen an den Ecken als auch die Durchgangslöcher (6 mm ø) an. Mit einer Stichsäge sägen Sie die Rundungen, dann schleifen Sie alle Kanten rund. Bohren Sie die Durchgangslöcher im Verbindungsteil. In den Außenseiten von Theke und Regalwand markieren Sie die Lage des Verbindungsteiles, dann bohren Sie das jeweils oberste Loch

Beim Zusammenbau der Ablage mit den Seitenteilen der Theke müssen die Unterkanten in der ganzen Länge auf dem Boden aufstehen.

Regalteil und Theke des Kaufmannsladens werden so durch ein Brett verbunden, dass die Verbindung jederzeit gelöst werden kann.

(6 mm ø). Stecken Sie Sechskantschrauben (M 6 x 45) durch Verbindungsteil und Seitenwände und ziehen Sie die Hututtern leicht an (Unterlegscheibe nicht vergessen).
Sie haben nun die Lage aller Bauteile zueinander fixiert. Achten Sie darauf, dass sie auf einem ebenen Untergrund stehen. Bohren Sie nun die noch fehlenden Löcher durch das Verbindungsteil hindurch und setzen auch hier die Schrauben ein. Wenn Sie die Verschraubungen nicht oft lösen müssen, können Sie statt der Sechskantschrauben auch Schlossschrauben verwenden, mit dem Kopf nach außen. Jetzt fehlen nur noch der Feinschliff und der Anstrich. Am besten kommt auch hier die Struktur des Holzes zum Vorschein, wenn Sie Holzwachs verwenden. Danach kann Ihr Meisterwerk dem prüfenden Auge der Kinder vorgeführt werden.

Kinderküche

Mit diesem Spielgerät können die kleinen Köchinnen und Köche spielerisch nachvollziehen, was sie bei ihren Eltern in der Küche gesehen haben. Vom Ceran-Kochfeld bis zum Backofen verfügt die Kinderküche über alles notwendige Zubehör.
Für den Korpus und die Türen der Küche verwenden Sie Leimholz (Fichte oder Kiefer) in einer Stärke von 18 mm. Nur die Arbeitsplatte besteht aus einer 28 mm dicken Leimholzplatte, um die Proportionen einer echten Küche einzuhalten. Die Rückwand wird aus Einzelteilen zusammengefügt, da diese leichter zu bearbeiten sind. Sie können jedoch auch eine Multiplexplatte verwenden, die Sie bereits auf das fertige Maß zugeschnitten kaufen.

Rückwand

Die Rückwand (1) wird aus drei 18 mm dicken Leimholzbrettern zusammengesetzt. Zur Verstärkung der Plattenstöße fügen Sie jeweils eine Feder aus Sperrholz ein (siehe auch Tischplatte auf Seite 14). Prüfen Sie zuerst die Oberfläche der Bretter auf Fehler (z.B. Astlöcher). Bohren Sie diese Stellen mit dem Forstnerbohrer (15 mm ø) aus und setzen Sie Holzstopfen ein. Die Längskanten der Leimholzbretter aus Weichholz sind stets angefast. Um unschöne Nuten beim Zusammenleimen zu vermeiden, sägen Sie von den Außenkanten jeweils einige Zentimeter ab. Diesen Verschnitt müssen Sie beim Kauf der Hölzer bereits einrechnen. Achten Sie auch auf die Länge der Bretter; sie unterscheiden sich manchmal um mehrere Millimeter. Bei Bedarf sägen Sie später die verleimten Bretter gemeinsam auf Maß.
Mit der Kreissäge oder der Oberfräse fertigen Sie die Nuten für die Federn. Die Federn (33) werden in die Nuten straff eingepasst, die Maße für die Dicke der Feder und die Breite der Nut müssen aufeinander abgestimmt werden.
Wenn Sie die Nuten mit einer Kreissäge erstellen, müssen Sie dies unter Beachtung der Anweisungen und Sicherheitshinweise der Bedienungsanleitung der Kreissäge durchführen. Das Werkstück wird am Anschlag über das zuvor in der Höhe eingestellte Sägeblatt geführt. Die Breite des Sägeschnittes ergibt zugleich die Dicke der Feder.
Einfacher und genauer sind die Nuten mit einer Oberfräse anzufertigen. Spannen Sie hierzu ein Hilfsbrett an, um die Auflagefläche für die Führungsplatte der Oberfräse zu vergrößern.
Für den Zusammenbau der ersten beiden Rückwandteile tragen Sie auf eine Feder beidseitig Holzleim auf, ebenso auf die zusammengehörenden Stoßseiten der beiden Bretter. Fügen Sie diese Teile zusammen (mit leichten Schlägen des Holzhammers), und fügen Sie anschließend auch das dritte Brett an. Um eine feste Verbindung der Leimstöße zu erzielen, ist es notwendig, die Längskanten der Bretter bündig aufeinander zu pressen. Benützen Sie hierzu lange Schraubzwingen oder, besser noch, Spanngurte.
Beim Anziehen der Zwingen versuchen die eingespannten Teile nach oben oder unten wegzuknicken. Um eine ebene Verleimung zu erreichen, spannen Sie mit weiteren Schraubzwingen Hilfshölzer quer über die Rückwand. Legen Sie Papier unter diese Hölzer, damit sie nicht mit dem Werkstück verkleben. Warten Sie mit dem Abnehmen der Zwingen, bis der Leim vollständig ausgehärtet ist.
Da die Bretter nur an den schmalen Kanten miteinander verleimt sind, ist diese Verbindung nicht sehr stabil. Das ändert sich jedoch, wenn das Bord mit den Schubladen als Versteifung angeschraubt ist.
Sollten an den Stößen der Bretter größere Ungenauigkeiten entstanden sein, bearbeiten Sie diese mit dem Handhobel. Anschließend werden die Oberflächen mit dem Schwingschleifer geglättet. Hierbei werden zugleich die eventuell noch anhaftenden Papierfetzen der Verleimung entfernt.

Kinderküche				
Pos.	Stck.	Benennung/Abmessungen	Werkstoff	Bauteil
1	1	100 x 1,8 x 120 cm (*)	Leimholz / Fichte	Rückwand, komplett
2	1	15 x 1,8 x 100 cm	Leimholz / Fichte	Oberteil Schubladenteil
3	6	10 x 1,8 x 15 cm	Leimholz / Fichte	Stege Schubladenteil
4	2	15 x 1,8 x 25,4 cm	Leimholz / Fichte	Auflage Schubladenteil
5	1	35 x 1,8 x 96,4 cm	Leimholz / Fichte	Bodenplatte
6	2	35 x 1,8 x 57,2 cm	Leimholz / Fichte	Seitenwände
7	1	35 x 1,8 x 50,4 cm	Leimholz / Fichte	Trennwand
8	1	5 x 1,8 x 96,4 cm	Leimholz / Fichte	Fußleiste
9	1	10 x 1,8 x 100 cm	Leimholz / Fichte	Blende
10	6	1,8 x 1,8 x 30 cm	Leimholz / Fichte	Auflager
11	2	30 x 1,8 x 46 cm	Leimholz / Fichte	Fachböden
12	5	4,5 ø x 2,8 cm	Leimholz / Fichte	Herdschalter Drehteil
13	1	Dübelstange 8 mm ø	Hartholz	Herdschalter Achse
14	5	4,5 ø x 1 cm	Leimholz / Fichte	Herdschalter Widerlager
15	1	40 x 2,8 x 105 cm	Leimholz / Fichte	Arbeitsplatte
16	1	Schüssel, ca. 25 cm ø	Kunststoff	Spülschüssel
17	1	"Ceranfeld" 27 x 0,3 x 41 cm	Plexiglas, bronzefarben	Ceranfeld
18	2	24,5 x 1,8 x 41,7 cm	Leimholz / Fichte	Schranktüren
19	2	Möbelknopf, groß	Kiefer	Möbelknopf an Türen
20	2	7 x 1,8 x 41,7 cm	Leimholz / Fichte	Seitliche Rahmenteile Backofentür
21	2	7 x 1,8 x 35,5 cm	Leimholz / Fichte	Horizontale Rahmenteile Backofentür
22	1	"Scheibe" 35,3 x 0,3 x 27,7 cm	Plexiglas, bronzefarben	Scheibe Backofentür
23	2,6	lfd. Meter Viertelstab	Kiefer	Fensterleisten Backofentür
24	1	Möbelgriff, 100 mm breit	Kiefer	Möbelgriff an Backofentür
25	6	Aufschraubscharnier, mit Feder	Stahl	Scharniere für Türen u. Backofentür
26	1	Klappenbremse (Bremswirkung beim Öffnen)		Bremse für Backofentür
27	4	7,8 x 1 x 13 cm	Leimholz / Fichte	Boden Schublade
28	8	9,8 x 1 x 9,8 cm	Leimholz / Fichte	Front- und Rückwand Schublade
29	8	9,8 x 1 x 13 cm	Leimholz / Fichte	Seitenwände Schublade
30	4	Möbelknopf, klein	Kiefer	Griff für Schubladen
31	50	Holzstopfen 15 mm ø, konisch	Fichte	davon 5 Herdschalter-Stopfen
32	1	Rundstab 1,4 ø x 51 cm	Kiefer	Geschirrtuch-Halter
33	2	Sperrholzstreifen 5 x 0,6 x 120 cm	Sperrholz	Feder für Holzstöße in der Rückwand
34	4	Holzschraube Senkkopf ø 2 x 15	verzinkt	Befestigung Ceranfeld
35	4	Holzschraube Senkkopf ø 2,5 x 20	verzinkt	Befestigung der Möbelknöpfe an Schubladen
36	52	Holzschraube Senkkopf ø 3,5 x 16	verzinkt	für Scharniere u. Klappenbremse
37	2	Holzschraube Senkkopf ø 3,5 x 30	verzinkt	Befestigung Möbelknopf an Tür
38	50	Holzschraub. Senkkopf ø 4,5 x 40	verzinkt	
39	60	Holzdübel 8 mm ø	Hartholz	
40	1	Packung Stahlstifte	Stahl	Montage der Schubläden und der Viertelstäbe (Backofenfenster)
(*) gefügt aus 3x Leimholz Fichte (120x40 cm) + 2x Sperrholz-Feder oder 1x Multiplex-Platte				

An der Oberseite der Rückwand sind noch das Hirnholz der Bretter und die eingesetzten Federn zu sehen.
Um sie zu verdecken, können Sie hier eine der abgesägten Randleisten (mit Fasen) mit Holzleim und Stahlstiften befestigen. Trennen Sie überstehende Teile mit einer Feinsäge ab.

Bord mit Schubladen

Die Schubladen sind baugleich mit denen des Kaufmannsladens, sie weichen nur in der Länge etwas voneinander ab. Für das Bord sägen Sie zuerst alle benötigten Teile auf Maß zu. Schleifen Sie die Schnittkanten. Zur Aufnahme der Stange (32; 1,4 cm ø), an der später die Geschirrtücher aufgehängt werden, müssen mit einem Bohrer Sacklöcher mit einer Tiefe von etwa 10 mm gefertigt werden.
Für die Montage der Schubladenführungen richten Sie die Stege (3) auf den Auflagen (4) aus. Zeichnen Sie ihre Lage mit Bleistift auf. Legen Sie probeweise Schubladen ein, um zu prüfen, ob sie genügend Spiel in den Führungen haben. Verbinden Sie die Teile jeweils durch zwei verdeckt eingedrehte Senkkopfschrauben (4,5 x 40 mm), nachdem Sie zuvor Sacklöcher und Durchgangslöcher vorgebohrt haben. Die Sacklöcher werden mit passenden Holzstopfen verschlossen.
Verschrauben Sie auf dieselbe Weise das Oberteil (2) mit den bereits montierten Teilen. Bevor die zweite Schubladenführung angebaut wird, müssen Sie die Rundstange einlegen. Die Rundstange muss nicht verleimt werden. Prüfen Sie nochmals, ob alle Schubladen in die Führungen passen, und bessern Sie nötigenfalls nach.
Das fertige Bord montieren Sie an die Rückwand, indem Sie in das durchgehende Brett vier und in die beiden Schubladenteile jeweils zwei Schrauben eindrehen. Um die Lage der notwendigen Bohrungen zu bestimmen, zeichnen Sie im Abstand von 15 cm zur Oberkante der Rückwand eine durchgehende Linie. Richten Sie die Oberkante des Bordes an dieser Linie aus und fahren Sie mit Bleistift alle Konturen der Holzteile nach. Legen Sie die Bohrungen so fest, dass sie

mittig zwischen den angezeichneten Umrissen der Bretter liegen. Bohren Sie durch diese Punkte mit kleinem Durchmesser durch das Holz durch. Auf diese Weise legen Sie auf der Rückseite die Lage der Sacklöcher fest, die Sie mit einem Forstnerbohrer (15 mm ø) erstellen. Geben Sie Holzleim auf alle Stoßflächen des Bordes und drehen Sie von der Rückwand her die Schrauben ein. Leimen Sie abschließend Holzstopfen in die Sacklöcher. Nach dem Abbinden des Leims trennen Sie überstehendes Holz mit einer gekröpften Feinsäge ab, dann verschleifen Sie diese Stellen.

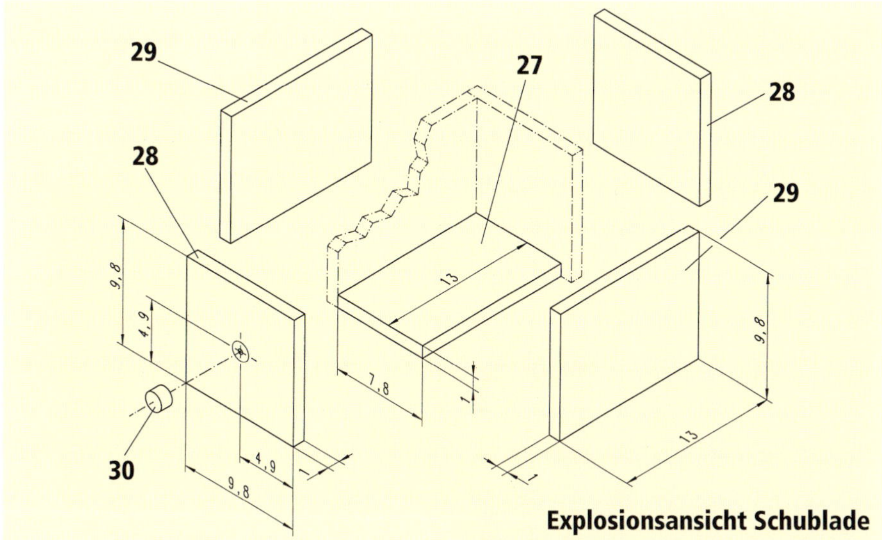

Explosionsansicht Schublade

Korpus mit Arbeitsplatte

Befestigen Sie zuerst die Fußleiste (8) an der Unterseite der Bodenplatte (5) mit vier Senkkopfschrauben (4,5 x 40 mm), die Sie verdeckt eindrehen. Auf den Innenseiten der Seitenwände (6) und auf der Trennwand (7) bringen Sie die Auflager (10) für die Fachböden (11) an. Die Auflager werden angeleimt und mit Senkkopfschrauben (2,5 x 30 mm) verschraubt (Bohrungen versenken). Die Fachböden werden nach Abschluss aller Arbeiten lose eingelegt.

Montieren Sie die Seitenwände mit jeweils drei verdeckten Schrauben an die Bodenplatte. Anschließend reißen Sie die Lage der Trennwand auf der Bodenplatte an. Bohren Sie drei Durchgangslöcher (5 mm ø) für Senkkopfschrauben (4,5 x 40 mm). Mit diesen wird die Trennwand von der Unterseite der Bodenplatte her befestigt. Die Köpfe dieser Schrauben werden bündig eingedreht.

Bohren Sie in die Blende (9) fünf Durchgangslöcher (8,5 mm ø) für die Herdschalter. Die Blende wird mit jeweils zwei verdeckten Schrauben an den Seitenwänden und an der Trennwand befestigt.

Jetzt kann der Korpus mit der Rückwand zusammengebaut werden. Drehen Sie hierzu in die Seitenwände und in die Trennwand jeweils drei Schrauben verdeckt ein, ebenso in die Bodenplatte. Die Lage der Bohrungen wird genauso ermittelt wie schon bei der Montage des Bordes.

Die Ecken der Arbeitsplatte (15) werden mit einem Radius von 2,5 cm abgerun-

Für die Montage der Schubladenführung richten Sie die Stege auf den Auflagen aus, um zu prüfen, ob die Schubladen genügend Spielraum haben.

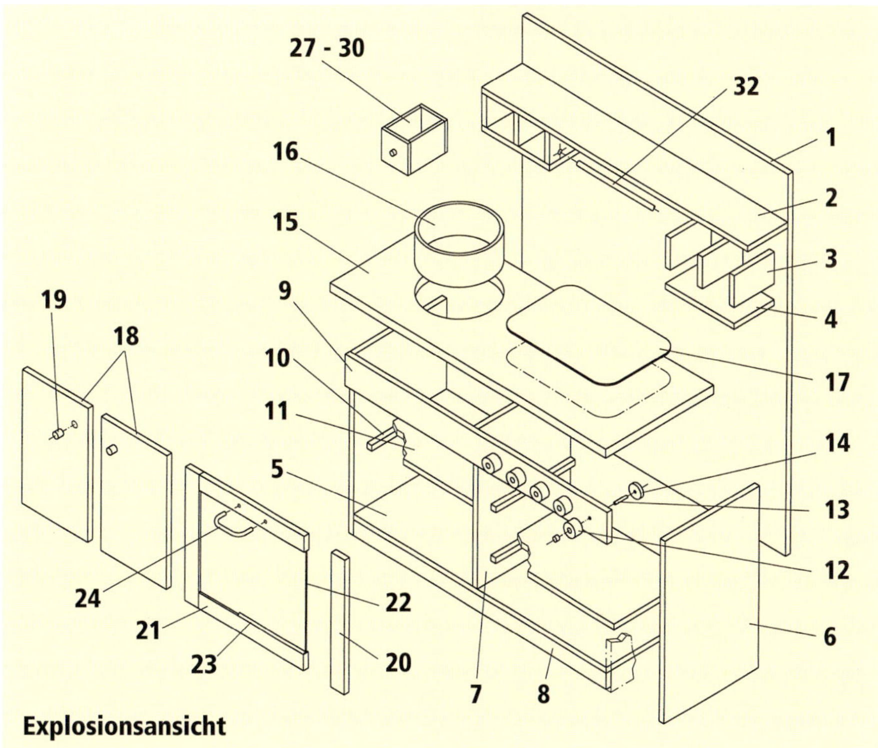

Explosionsansicht

det. Zeichnen Sie die Rundung mit einem Zirkel oder einem passenden Gegenstand (Dose o.ä.) auf das Holz und sägen Sie die Rundung mit der Stichsäge. Die Säge dürfen Sie dabei nicht verkanten, damit die Schnittkante nicht schräg verläuft.
Die Größe des Ausschnitts für das Waschbecken ist von der verwendeten Schüssel (Kunststoff, Edelstahl) abhängig (siehe Schnitt A-A, Seite 75). Zeichnen Sie den Durchmesser auf die Arbeitsplatte auf. Sollten Sie keinen Zirkel haben, genügt es auch, in ein Brett zwei Löcher in entsprechendem Abstand zu bohren, einen Nagel durch eines der Löcher in den Kreismittelpunkt zu stechen und mit einem zweiten Nagel die Kreislinie anzureißen.
Bohren Sie ein Loch im Inneren der auszusägenden Fläche, und setzen Sie hier das Sägeblatt der Stichsäge an, um die Kreisscheibe auszusägen. Achten Sie darauf, das Werkzeug nicht zu verkanten. Heben Sie die ausgesägte Scheibe noch auf, ebenso das Reststück vom Ablängen der Arbeitsplatte. Diese Teile benötigen Sie, um die Herdschalter daraus herzustel-

Die Rückwand erhält Stabilität, wenn das fertige Bord angeschraubt ist.

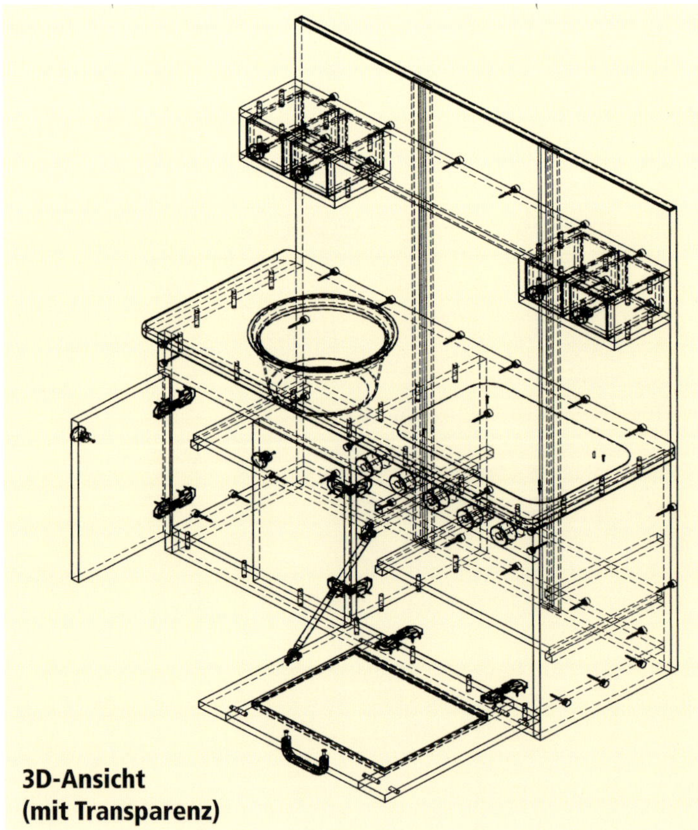

3D-Ansicht (mit Transparenz)

len. Schleifen Sie alle Schnittkanten an der Arbeitsplatte, vor allem Hirnholz ist nach dem Zuschnitt etwas rau.
Die Vorder- und Seitenkanten sollten möglichst gleichmäßig abgerundet werden. Für diese Arbeit können Sie eine Oberfräse mit eingespanntem Anlauffräser benutzen. Mit Schleifklotz und Sandpapier lässt sich mit etwas Mühe aber auch ein schönes Ergebnis erzielen.
Die Arbeitsplatte kann nun ebenfalls angebaut werden. Für die Verbindung mit dem Korpus werden Holzdübel (8 mm ø) verwendet. In die oberen Kanten der beiden Seitenwände sind jeweils drei Dübellöcher zu bohren, in die Blende vier. Damit alle Bohrungen die richtige Tiefe erhalten, arbeiten Sie mit einem Tiefenanschlag.
Geben Sie in jede Bohrung einen Dübelmarker, dann legen Sie die Arbeitsplatte auf das Untergestell und richten sie aus. Mit leichten Schlägen des Holzhammers auf ein Schlagholz werden die Spitzen der Dübelmarker in die Unterseite der Arbeitsplatte gedrückt und so die Gegenbohrungen für die Dübel angekörnt. Nehmen Sie die Arbeitsplatte ab, um die Bohrungen zu erstellen. Aufgrund der Größe und des Gewichts der Platte kann der Bohrständer nicht verwendet werden, Sie müssen also freihändig bohren. Verwenden Sie wieder einen Tiefenanschlag, damit Sie nicht versehentlich durch die Platte bohren. Geben Sie etwas Leim in diese Löcher und stecken Sie die Holzdübel ein (nötigenfalls mit dem Holzhammer leicht einschlagen). Nachdem auch die Dübelbohrungen und die Stoßflächen des Untergestelles mit Leim versehen sind, kann die Arbeitsplatte montiert werden. Treiben Sie dabei die Holzdübel mit dem Holzhammer in die Bohrungen, wobei ein möglichst breites Schlagholz beizulegen ist. Verspannen Sie Platte und Untergestell fest mit großen Schraubzwingen, es darf kein Spalt mehr zwischen der Arbeitsplatte und dem Untergestell verbleiben. Legen Sie kräftige Vierkanthölzer zwischen das Werkstück und die Zwingen, um das weiche Holz zu schützen und den Druck der Zwingen gleichmäßig zu verteilen.
Nach der Montage wird die hintere Seite der Arbeitsplatte von der Rückwand her

Auch der Korpus wird mit verdeckten Verschraubungen mit der Rückwand verbunden.

Die Kreislinie für den Ausschnitt, in den das Waschbecken kommt, zeichnen Sie mit Hilfe eines Brettes, durch das Sie in entsprechendem Abstand zwei Nägel stecken.

Die Schalterscheiben für den Herd werden mit einer Lochsäge gesägt.

Die Backofentür besteht aus einem Leistenrahmen, der verdübelt und verleimt wird.

mit Senkkopfschrauben (4,5 x 40 mm) verdeckt angeschraubt, wobei auch auf diese Kante vor Beginn der Montage Leim zu geben ist. Für die Herdschalter (12) benötigen Sie fünf Holzscheiben (2,8 cm dick, 4,5 cm ø), für das Widerlager (14) ebenfalls fünf Scheiben in einer Dicke von 1 cm. Als Material bietet sich hierfür das Restholz an, das bei der Anfertigung der Arbeitsplatte und der Schubladen angefallen ist. Für die Widerlager kann jedoch auch eine 1,8 cm dicke Holzscheibe verwendet werden.

Zum Aussägen dieser Teile verwenden Sie am besten eine Lochsäge. Mit langsamer Umdrehungszahl der Bohrmaschine werden exakt kreisrunde Bauteile ausgesägt. Durch den Zentrierbohrer der Lochsäge entstehen zugleich Löcher im Mittelpunkt der Teile, die noch auf den benötigten Durchmesser von 8 mm aufgebohrt werden müssen.

Die Schnittflächen der Holzscheiben werden nun schön gleichmäßig geschliffen. Stecken Sie dazu alle auf eine Gewindestange (8 mm ø) auf und drehen Sie von beiden Seiten eine Mutter mit Unterlegscheibe dagegen, so dass die Scheiben fest eingespannt sind. Befestigen Sie auf einer geeigneten Unterlage zwei Hilfsbretter, sägen Sie von oben Schlitze mit einer Breite von 8 mm hinein, dann legen Sie die Gewindestangen ein. In dieser Hilfsvorrichtung können die Oberflächen der Schalterteile mit Raspel und Sandpapier gleichmäßig bearbeitet werden. Lösen Sie die Verschraubungen, dann schleifen Sie die Kanten der später sichtbaren Herdschalter rund.

In die Schalterscheiben werden mit dem Forstnerbohrer (15 mm ø) Sacklöcher mit einer Tiefe von etwa 13 mm gebohrt (siehe Detail »Z«, Seite 75). Ermitteln Sie die Länge der Dübelstangen (8 mm ø), mit denen die Schalter befestigt werden. Mit einer Feinsäge werden entsprechende Abschnitte abgesägt und in die Widerlager bündig eingeleimt. Stecken Sie anschließend diese verleimten Teile von der Rückseite her durch die Blende durch. Geben

Schrank- und Backofentür

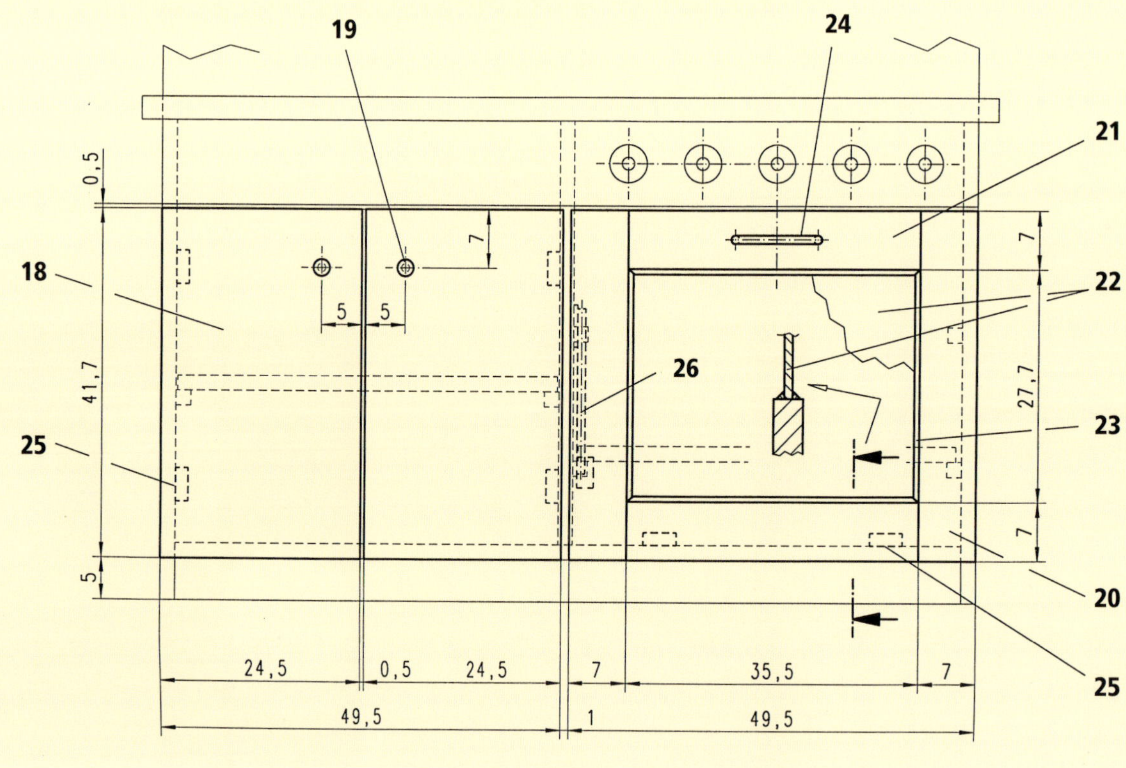

Schnitt A - A

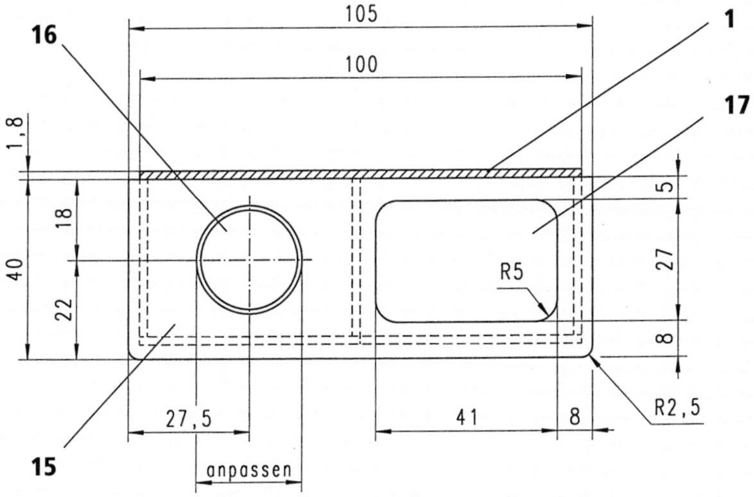

Detail Z

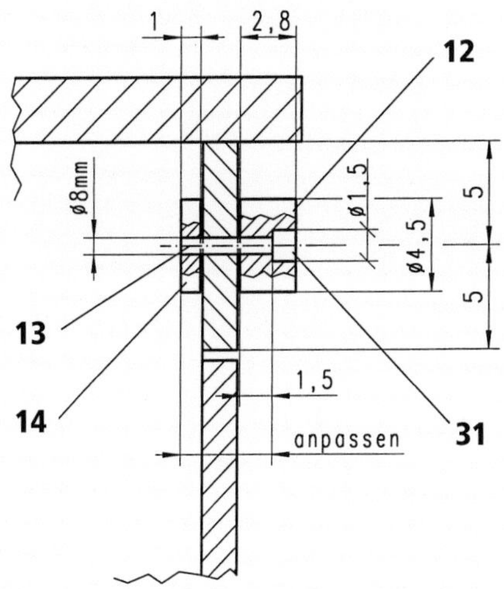

Ansicht Küchenzeile (Darstellung ohne Türen)

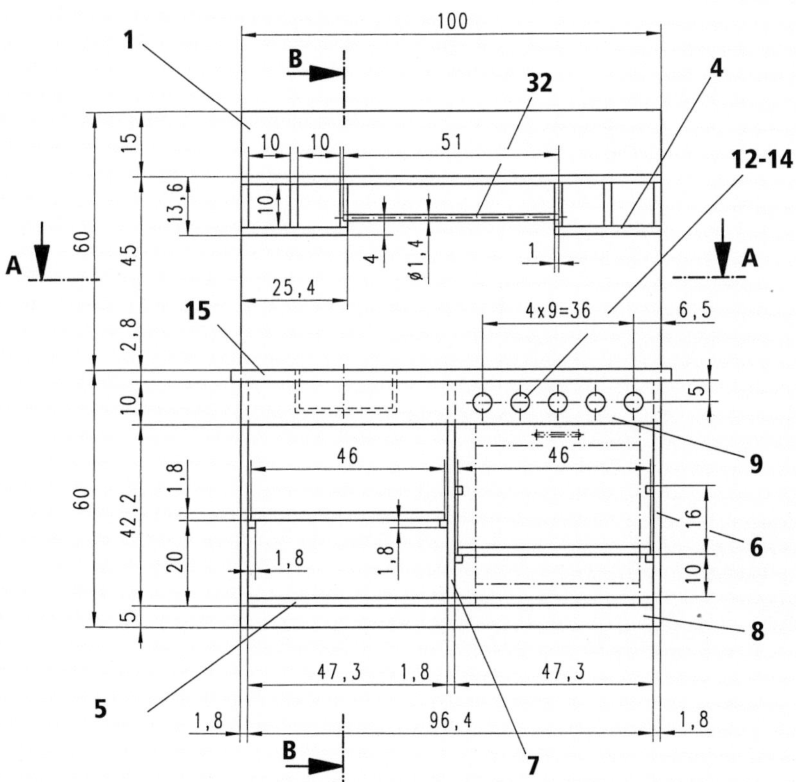

Schnitt B - B

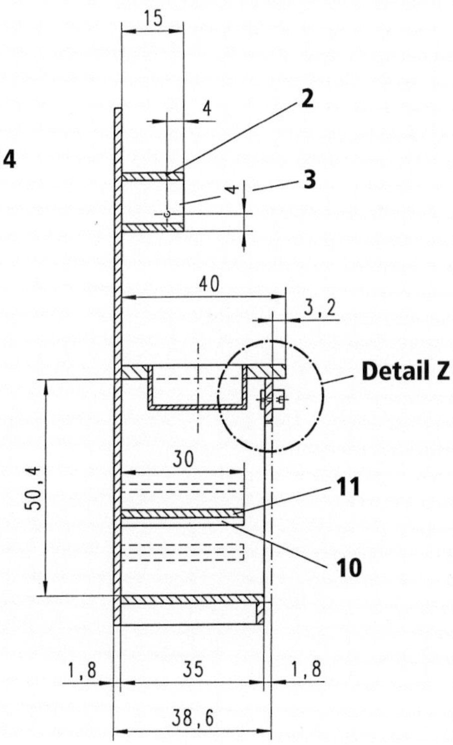

Die Plexiglasscheibe wird von Viertelstäben gehalten.

Zum Anbringen der Backofentür verwenden Sie Aufschraubscharniere und eine Klappenbremse.

Sie etwas Leim auf die Dübel, bevor Sie die Herdschalter aufschieben. Die Schalter müssen sich frei drehen lassen, ohne jedoch zu viel Spiel zu bekommen. Verschließen Sie das Sackloch im Schalter mit einem Holzstopfen.

Türen

Die Kinderküche verfügt über ein Schränkchen, in dem Küchengerät und Vorräte untergebracht werden können, und über einen Backofen.
Am Schrank bringen Sie zwei Türen aus Leimholz an, die mit dem Korpus durch zwei Aufschraubscharniere verbunden sind. Die Tür des Backofens besteht aus einem verleimten Holzrahmen, in den eine durchsichtige Plexiglasplatte eingelassen wird. Sägen Sie die Bretter für die beiden Schranktüren (18) zu und schleifen Sie alle Kanten rund. Bohren Sie Löcher für die Möbelknöpfe (19), geben Sie einen Tropfen Leim auf die Kontaktfläche und schrauben Sie die Knöpfe fest. Möbelknöpfe gibt es im Handel in verschiedenen Größen zu kaufen. Die für die Türen verwendeten Knöpfe sollten größer als die für die Schubladen sein, damit die Proportionen der Teile zueinander stimmen.
Zur Befestigung der Türen montieren Sie Aufschraubscharniere mit Feder. Die Scharniere werden zuerst nur in den Langlöchern befestigt. Nach dem genauen Ausrichten der Türen werden alle Schrauben eingedreht. Eine genaue Anleitung zum Einbau liegt den Scharnieren bei.
Die Leisten (20, 21) für den Rahmen der Backofentür werden stumpf miteinander verleimt. Zur Erhöhung der Stabilität werden die Stoßverbindungen mit jeweils zwei Holzdübeln (8 mm ø) verstärkt. Legen Sie die Teile in der richtigen Lage zueinander aus und markieren Sie auf den Seitenleisten die Breite der oberen und unteren Querleiste. Spannen Sie die Seitenleisten zusammen und bohren Sie mit einem Bohrständer Dübellöcher in die seitlichen Stoßstellen. Mit Dübelmarkern ermitteln Sie die passenden Dübellöcher im Hirnholz der Querleisten. Bohren Sie die Löcher, geben Sie Leim auf alle Kontaktstellen und stecken Sie die Rahmenteile zusammen. Verspannen Sie die Konstruktion mit Schraubzwingen, wobei darauf zu achten ist, dass der Rahmen sich nicht verdreht. Um dies zu verhindern, legen Sie Vierkanthölzer quer über das Bauteil, die Sie mit Schraubzwingen niederspannen.
Sägen Sie von den Viertelstäben (23) vier Stücke mit Feinsäge und Schneidlade auf Maß und Gehrung zu. Mit etwas Holzleim auf den Kontaktflächen befestigen Sie die Stäbe mit kleinen Stahlstiften an der Innenseite der Fensteröffnung. Schlagen Sie am besten die Stifte schon vor der Montage soweit in die Leisten ein, dass die Spitzen etwas heraustreten. Sägen Sie nun die Plexiglasscheibe auf Maß. Plexiglas lässt sich ohne Probleme mit der Kreis- oder Stichsäge bearbeiten, allerdings wird dazu ein feinzahniges Sägeblatt benötigt. Die Scheibe wird eingelegt, und dann werden die restlichen vier Viertelstäbe fixiert, am besten nur mit Stahlstiften, damit die Scheibe notfalls auch wieder entnommen werden kann.
Die Backofentür kann nun an den Korpus der Küche montiert werden. Es ist

vorgesehen, dass sich die Tür wie im Original nach unten öffnet. Die Aufschraubscharniere mit Feder sind daher unten angeschlagen. Auch hier werden zuerst Schrauben in die Langlöcher gedreht, dann wird die Türe genau ausgerichtet, danach werden alle Schrauben angezogen. Damit die Tür beim Öffnen nicht einfach nach unten fällt, bauen Sie eine Klappenbremse (26) ein.
Um zu vermeiden, dass die Kinder auf die geöffnete Tür treten und so die Scharniere überdehnt werden oder eine Verschraubung ausreißt, besteht auch die Möglichkeit, die Backofentür seitlich anzuschlagen. In diesem Falle müssten Sie die Lage der Scharniere und des Griffes ändern, die Klappenbremse würde entfallen. Montieren Sie nun noch den Griff, und der Backofen kann in Betrieb gehen.

Links: Auch das Kochfeld besteht aus einer Plexiglasscheibe, die von Schrauben gehalten wird.

Rechts: Die Schüssel für die Spüle kann lose eingesetzt oder festgeklebt werden.

Spüle und Kochfeld

Die Spüle besteht aus einer Kunststoff- oder Edelstahlschüssel mit breitem Rand. Es bleibt Ihnen überlassen, ob Sie die Schüssel mit einem geeigneten Kleber fest in der Öffnung fixieren oder lieber lose einlegen wollen. Eine Verklebung muss erfolgen, bevor die Oberfläche mit Wachs behandelt wird.
Wie schon die Scheibe der Backofentür lässt sich auch das Plexiglas für das Kochfeld gut mit spanendem Werkzeug bearbeiten. Zur Befestigung des Kochfeldes sind an allen vier Ecken Löcher für die Schrauben (2 x 15 mm) zu bohren und zu versenken (siehe Schnitt A-A, Seite 75). Montiert wird das Kochfeld aber erst nach dem Anstrich der Oberfläche. Drehen Sie die Schrauben nicht zu fest an, damit das Plexiglas nicht reißt.
Nun fehlen nur noch der Feinschliff und der Anstrich. Auch hier kommen Struktur und Charakter des Holzes durch die Verwendung von Wachs besonders gut zur Geltung. Dieses natürliche Mittel zum Holzschutz wird auch in verschiedenen Farbtönen angeboten. So könnten die Arbeitsplatte oder die Schubladen auch farbig abgesetzt werden.

Weitere Bücher im ökobuch Verlag

Anders gärtnern

Permakultur-Elemente im Hausgarten. Ob Kräuterspirale, Krater- bzw. Hochbeet, Kartoffelturm, Wurmfarm oder Erdgewächshaus mit Hühnerstall, bei allem dient die Natur als Vorbild. Mit vielen Anleitungen für einen Hausgarten, in dem die verschiedenen Bereiche harmonisch zusammenwirken und sich gegenseitig fördern. Von Margit Rusch. 5. Aufl. 2014, 94 S. m.v. farb. Abb., 17 x 24 cm 13,95 €

Biogarten Handbuch

Anleitung zum naturgemäßen Gärtnern in Bildern. Hier wird das notwendige Wissen vermittelt, um erfolgreich den Boden zu bestellen und reichhaltig gesundes Obst und Gemüse zu ernten. Von A. + S. Bruns. 141 S. m.v. Abb., 17x24 cm, 3. Aufl. 2012 13,90 €

Werkbuch Biogarten

Anleitung zum handwerklichen Arbeiten in Bildern: Bau von Kompostbehältern u. Frühbeeten, Pflanzengerüsten, kleine Lagerkeller, Kräuterspiralen, Vogelnistkästen u.v.m. von A.+S. Bruns.
112 S. m.vielen Abb., 17x24 cm, 3. Aufl. 2012 12,90 €

Auf 300 qm Gemüseland

... den Bedarf eines Haushalts ziehen. Wie man auf kleinstem Raum einen Nutzgarten anlegt und erfolgreich bewirtschaftet, können wir von unseren Vorfahren lernen. Mit schnellen, praktischen, alphabetisch geordneten Infos über die wesentlichen Pflanzen, über Anbau- und Arbeitsmethoden. Von Arthur Janson. Neugestalteter Nachdruck der 5. Aufl. 1926. 170 S. A5, gebunden, 13,95 €

Saatgut aus dem Hausgarten

Nach einer Einführung in die Saatgutgewinnung und in die Praxis der Vermehrung werden die nötigen Hilfsmittel, Ernte, Reinigung und Lagerung der Samen sowie Aussaat und Aufzucht Jahr beschrieben. Mit kurzen Pflanzenporträts aller im Hausgarten üblichen Kräuter, Gemüse und Blumen. Von Marlies Ortner. 2. Aufl. 2012, 138 S. m.v. farb. Abb., 17 x 24 cm 19,95 €

Trocknen und Dörren mit der Sonne

Bau & Betrieb von Solartrocknern.: Ein Buch für alle, die einen funktionstüchtigen Solartrockner kostengünstig selbst bauen möchten, um Obst, Gemüse und Kräuter natürlich und hochwertig haltbar zu machen. Außerdem: Praxis des Trocknens mit vielen Tipps aus langjähriger Erfahrung. Herausgegeben von Claudia Lorenz-Ladener. 4. Aufl. 2013, 95 S., farbig, 17 x 24 cm 13,95 €

Terrassen und Decks aus Holz selbst gebaut

Planungsüberlegungen, sinnvolle Konstruktionen, Materialempfehlungen. Viele Beispiele und Schritt-für-Schritt-Bilder vermitteln das Wissen zum Bau schöner Holzdecks. von Peter Himmelhuber. 2. Aufl. 2012, 102 S.m.v. farb. Abb. 14,95 €

Trockenmauern für den Garten

Bauanleitung & Gestaltungsideen. Ob Sitzplätze oder Hochbeete einzufassen, eine Hangfläche zu terrassieren oder das Grundstück einzugrenzen: Mit einfachen Werkzeugen kann jeder kostengünstig eine schöne und dauerhafte Trockenmauer selbst bauen. Von J. Spitzer u. R. Dittrich. 4. Aufl. 2013, 95 S., 17x24 cm, 13,95 €

Mein Garten lebt

Vögel, Schmetterlinge, Igel, Wildbienen und andere nützliche Tiere ansiedeln. Mit Bauanleitungen und Gestaltungsideen, um durch Nisthilfen, Schlafquartiere u.ä, Gärten tierfreundlich zu gestalten. Von Peter Himmelhuber. 94 S. m.v.farb. Abb., 2. Aufl. 2013, 17 x 24 cm 13,95 €

Natürlich konservieren

Die 250 besten Rezepte, um Gemüse und Obst möglichst naturbelassen haltbar zu machen und ein Maximum an Nährstoffen und Geschmack zu erhalten. Hrsg. von Terre Vivante. 157 S. m.v. Abb., 8. Aufl. 2015 13,90 €

Milchsauer eingelegt

Gemüse gesund und schnell haltbar machen durch milchsaures Einlegen. Mit Kurzporträts von über 30 geeigneten Gemüsearten und vielen Rezepten. Von Cl. Lorenz-Ladener. 117 S. m.v.Abb., 1. Aufl. 2014, geb. 16,95 €

Hütten von Kindern selbst gebaut

Das Buch zeigt schön illustriert, wie Kindern ohne großen Aufwand ihr eigenes kleines Reich erschaffen können, mit Baumaterialien, die fast alle draußen zu finden sind: Spielhäuschen, Kuppelbau, Schlupfwinkel, Beobachtungsversteck. Ab 8 Jahre. Von L. Espinassous. 58 S. m.v. Abb., 21x21 cm, geb., 3. Aufl. 2014 13,95 €

Kleine Baumhäuser und Hütten

... kinderleicht gebaut. Hier wird gezeigt, wie Baum- und Stelzenhäuser gebaut werden können. Mit Anleitungen für verschiedene Konstruktionen und Bildern von realisierten Beispielen. Von David Stiles 93 S. m. v. farb. Abb., 17x24 cm, 6. Aufl. 2014 12,95 €

Holzbacköfen im Garten

Detaillierte Bauanleitungen vom einfachen Lehmofen bis zum gemauerten Brotbackhäuschen. Mit vielen Erfahrungen und Ratschlägen sowie pfiffigen Tipps und Rezepten. Herausgegeben von Claudia Lorenz-Ladener. 138 S. m.vielen Abb., 17. Aufl. 2014, br. 15,95 €

Gestalten mit Stein im Garten

Pflastern von Wegen, Terrassen und Zufahrten, Anlegen von Treppen und das Errichten von Mauern und Hangbefestigungen, mit Hinweisen zur Materialwahl, zu Aufwand u. Kosten, und mit Anregungen für eigenes Schaffen. Von Peter Himmelhuber. 125 S. m.v. farb. Abb., 1. Aufl. 2014 15,95 €

Wasser im Garten

Praxisratgeber für den Selbstbau von Teichen, Badestellen, Sumpfbiotopen und Bachläufen mit kleinem Wasserfall mit Hinweisen zu Pflanzenwahl u. Pflege. Von P. Himmelhuber. 123 S. m.v.Abb., 1. Aufl. 2013 15,95 €

Naturkeller

Grundlagen der Kühllagerung und Anleitungen für Planung u. Bau naturgekühlter Lagerräume im Haus u. Freiland. Von Cl. Lorenz-Ladener. 140 S. m.v.Abb., 14. Aufl. 2014 19,90 €

Gestalten mit Holz im Garten

Bodenbeläge, Holzdecks, Zäune, Rankgerüste, Lauben. Bauanleitungen und Gestaltungsideen für Nützliches und Dekoratives aus Schnittholz und aus grünem Holz. Von Heidi Howcroft. 135 S. m.v. Abb., 17 x 24 cm, brosch., 3. neu gestalt. Aufl. 2012 15,95 €

Lauben und Hütten

Einfache Paradiese zum Selbstbauen. Bauanleitungen für schnell zu errichtende Behausungen (Tipi, Baumhaus, Kuppelbau, Hogan etc.), sowie für schöne Lauben für den Garten oder die freie Natur. Herausgegeben von Claudia Lorenz-Ladener. 5. Aufl. 2013, 190 S. m.v. Abb., geb. 22,90 €

Kleine grüne Archen

Passivsolare [Erd]Gewächshäuser als Alternative zum transparenten Standard-Gewächshaus. Das Buch zeigt, wie Solargewächshäuser freistehend, angelehnt oder teilweise in der Erde versenkt, gebaut werden können. Von C. Lorenz-Ladener. 128 S. m.v. farb. Abb., geb. 3. Aufl. 2014 22,90 €

Mit Weiden bauen

Anleitungen für Zäune. Laubengänge, Wigwams, Sitzplätze und grüne Kuppeln. Pflanzen und Arbeiten mit lebendem Material, aus dem sich viele schöne, nützliche Dinge herstellen lassen.
Von Jon Warnes. 8. Aufl. 2014, 60 S. m.v.farb. Abb., geb. 12,95 €

Färben mit Pflanzen

Färbepflanzen - Rezepte - Anwendung. Aufbereitung und Anwendung heimischer Färbepflanzen zum Färben von Wolle und Stoffen werden in zahlreichen Rezepten detailliert beschrieben. Von Dorit Berger. 2.Aufl. 2011, 96 S. m.v. farb. Abb. 17 x 24 cm, br. 12,95 €

Bauen mit Frischholz

Vom Spalier bis zur Laube: Pflanzbehälter, Spaliere, Bänke, Lauben usw. aus frischem grünem Holz; mit Schritt-für-Schritt-Anleitungen. Von A. u. G. Bridgewater. 78 S.m.v.Abb., Neuaufl. 2015, 17x24 cm br. 12,95 €

Richtig drechseln

Alle handwerklichen Techniken und 22 Schritt-für-Schritt-Projekte. Eine umfassende Einführung in die Techniken des Drechselns und ausführliche praktische Anleitungen zur Realisierung schöner Gebrauchsgegenstände und Objekte aus Holz. Von Phil Irons. 128 S. m.v. Abb., 22 x 28 cm, geb., Neuaufl. 2015 28,00 €

Bunte Körbe aus Gräsern und Kräutern

Die Technik des Korbwickelns neu entdeckt. Anleitungen zur Herstellung von bunten Körben durch Wickeln und Vernähen von Strängen aus heimischen Faserpflanzen. Mit vielen Schritt-für-Schritt-Anleitungen. Von Walter Friedl. 1. Aufl. 2013, 92 S. m. viel. farb.Abb., geb. 17,95 €

Korbflechten mit Altpapier

Das Korbflechten mit gefalteten bzw. gerollten Papiersträngen folgt den gleichen Prinzipien wie das Flechten mit Weiden. Das Buch gibt viele Schritt-für-Schritt-Anleitungen und zeigt Gestaltungsvorschläge für 20 schöne und nützliche Flechtprojekte. Von Sylvie Bégot. 1. Aufl. 2014, 59 S. m. viel. farb.Abb., geb. 13,95 €

Hauserneuerung

Instandsetzen - Modernisieren - Energiesparen - Umbauen: mit Anleitung zur Selbsthilfe. Das Buch beschreibt ausführlich den behutsamen, handwerklich sachgerechten und umweltverträglichen Umgang mit alter Bausubstanz. Von G. Haefele, W. Oed u. L. Sabel. 255 S., 200 Abb., 21 x 21 cm, 13. Aufl. 2014 28,90 €

Vom Altbau zum Effizienzhaus

Energietechnische Gebäudesanierung in der Praxis: Nachträgliche Wärmedämmung der Gebäudehülle, Fenstererneuerung, sowie Sanierung der Haustechnik einschl. Lüftung, Heizung, Sanitär und Elektro. Jetzt mit EnEV 2014. Hrsg. von I. Gabriel u. H. Ladener. 200 S. m.v. farb. Abb., 21 x 28 cm, geb., 11.Aufl. 2014 36,00 €

Praxis: Holzfassaden

Material, Planung, Ausführung. Das Buch zeigt nicht nur die gestalterischen Möglichkeiten moderner Holzfassaden, sodern stellt zahlreiche vorbildliche Beispiele und Detaillösungen mit Ecken, Sockel, Dach- und Fensteranschlüssen vor. Von Ingo Gabriel. 5. verbesserte Aufl. 2014, 113 S.m.v.farb. Abb. 28,- €

Handbuch Lehmbau

Umfassendes Lehrbuch und Nachschlagewerk: Es zeigt Einsatzmöglichkeiten, Eigenschaften und Verarbeitungstechniken des Baustoffes Lehm. Mit Forschungsergebnissen u. Beschreibungen ausgeführter Lehmhäuser. Von Gernot Minke. 222 S. m.v. Abb., 21 x 28 cm, gebunden, 8. verbesserte Aufl. 2012 38,00 €

Neues Bauen mit Stroh in Europa

Bauen mit großformatigen Quadern aus gepreßtem Stroh: gebaute Beispiele, erprobte Bauformen und Konstruktionen, Besonderheiten, neue Projekte und Forschungen. Von H. u. A. Gruber u. H. Santler. 4. überarb. Aufl. 2012, 112 S. m. v.Abb., 14,95 €

Handbuch Strohballenbau

Ein Konstruktions-Handbuch, das Konzeption, Bautechnik und alle Details beschreibt, um aus Strohballen gut gedämmte, dauerhafte Häuser zu bauen. m.vielen Konstruktionsdetails und Beispielen. Von Gernot Minke u. Benjamin Krick. 3. Aufl. 2014, 152 S.m.v.farb. Abb. 29,90 €

Die neue Heizung

Umweltfreundlich und wirtschaftlich heizen mit Gas, Holz, Strom und Sonnenenergie. Eine vergleichende Übersicht über moderne Heizungstechniken und deren Einsatz in zeitgemäß gedämmten Gebäuden.
Von Marion Schulz u. Hubert Westkämper. 229 S. m.v. farb. Abb., geb. 2. Aufl. 2013 29,90 €

Regenwasser für Garten und Haus

Ein kompetenter Ratgeber für Planung und Bau von Regenwassersammelanlagen nach dem Stand der Technik: Bemessung, Genehmigung, Speichertanks, Pumpen, Rohrleitungen, Zubehör. Von Karlheinz Böse. 92 S. m.v.Abb., 17x24 cm, 7. Aufl. 2014 12,95 €

Autonome Stromversorgung

Auslegung, Aufbau und Praxis autonomer Stromversorgungsanlagen mit Batteriespeicher für Beleuchtung und für netzferne Handwerks- u. Landwirtschaftsbetriebe. Von Philipp Brückmann. 3.Aufl. 2012, 110 S. m.v. Abb., 17x24 cm 15,90 €

Preisstand: 1.6. 2015

Unsere Bücher erhalten Sie in allen Buchhandlungen!

ökobuch
Postfach 1126 79216 Staufen

✆ 07633-50613 · ✉ 50870 · Email: oekobuch@t-online.de · http://www.oekobuch.de